山东黄河三角洲
国家级自然保护区
大型底栖动物

吕卷章　陈琳琳　李宝泉　赵亚杰　韩广轩　王安东　朱书玉 ◎编著

中国海洋大学出版社
·青岛·

图书在版编目（CIP）数据

山东黄河三角洲国家级自然保护区大型底栖动物 /
吕卷章等编著. —青岛：中国海洋大学出版社，2021.11

ISBN 978-7-5670-2388-8

Ⅰ.①山…　Ⅱ.①吕…　Ⅲ.①黄河—三角洲—自然
保护区—底栖动物—介绍—山东　Ⅳ.①Q958.884.2

中国版本图书馆CIP数据核字（2019）第202496号

山东黄河三角洲国家级自然保护区大型底栖动物

Macrobenthic Assemblages in the Shandong Yellow River Delta National Nature Reserve

出版发行	中国海洋大学出版社
社　　址	青岛市香港东路23号
邮政编码	266071
网　　址	http://pub.ouc.edu.cn
出版人	杨立敏
责任编辑	董　超
电　　话	0532-85902342
电子信箱	465407097@qq.com
印　　制	青岛中苑金融安全印刷有限公司
版　　次	2021年11月第1版
印　　次	2021年11月第1次印刷
成品尺寸	185 mm × 260 mm
印　　张	15
字　　数	286千
印　　数	1~1000
定　　价	168.00元
订购电话	0532-82032573（传真）

发现印装质量问题，请致电0532-85662115，由印刷厂负责调换。

序

　　黄河三角洲（Yellow River Delta）简称黄三角，是黄河携带大量泥沙在渤海凹陷处沉积形成的冲积平原。地理学上的黄河三角洲仅指黄河在今山东滨州市、东营市冲积而成的三角洲平原，是我国第二大河口三角洲，仅次于长江三角洲。黄河三角洲地域辽阔，自然资源丰富，湿地总面积约为4500 km²，其中泥质滩涂面积达1150 km²。黄河三角洲因受黄河冲淡水和海水潮汐的共同影响，形成多样的生境，栖息着丰富的生物类群，其中鸟类269种，包括丹顶鹤、白头鹳等国家一级重点保护鸟类34种。该区域是许多鸟类在我国越冬的最北界和世界稀有鸟类黑嘴鸥的重要繁殖地。为了保护这一新生湿地生态系统和珍稀濒危鸟类，1992年经国务院批准建立了黄河三角洲国家级自然保护区。经过20余年的保护和修复，保护区内生物多样性保护取得积极进展，湿地生态系统功能日趋完善。

　　党的十八大提出"提高海洋资源开发能力，发展海洋经济，保护海洋生态环境，坚决维护国家海洋权益，建设海洋强国"。滨海湿地作为一种典型的生态系统，被喻为"地球之肾"。滨海湿地起着重要的环境和生态调节作用，包括控制温室效应，作为野生动物栖息地，蓄水调洪，地下水补给和排泄，养分的滞留、去除和转化，净化水质，削减海流、降解沉积物等。2019年9月18日，习近平总书记就黄河流域生态保护和高质量发展发表重要讲话，强调黄河流域要加强生态环境保护，指出"下游的黄河三角洲是我国暖温带最完整的湿地生态系统，要做好保护工作，促进河流生态系统健康，提高生物多样性"。

大型底栖动物是湿地和海洋生态系统中重要的生物组分，在食物网的能量流动和物质循环中发挥重要作用，是滨海湿地鸟类的主要食物来源。其物种组成、生物量和丰度以及生物多样性状况对于栖息鸟类以及湿地生态系统的稳定具有重要的生态作用。同时，群落特征长周期的演变也能够客观地反映海洋环境的特点和环境质量状况，是生态系统健康的重要指示类群，常被用于监测人类活动或自然因素引起的海洋生态系统长周期的变化。保护区内大型底栖动物现状目前没有完全掌握，物种数、生物量和丰度等时空分布情况也不清楚，急需进行调查，以完善保护区底栖动物生物多样性相关资料。

本书图文并茂地重点介绍了黄河三角洲国家级自然保护区（潮间带、浅海）的大型底栖动物资源，包括其物种组成、生物量和丰度以及生物多样性的时空变化特征。在物种描述部分，为便于查阅，本书以不同动物类群（从低等的腔肠动物、环节动物多毛类至较高等的鱼类）分开进行描述。本书旨在给河口海岸带动物资源的开发利用提供指导和参考。本书不仅为科研院校的科研人员、教师和学生所使用，还为环境生态保护和渔业资源部门及行业人员提供参考，也是渔业从业者及动物爱好者的参考工具书。

李宝泉

2019年12月

　　黄河三角洲湿地在形成和发展过程中受入海径流量的减少、入海河道的变迁等自然因素以及围填海工程和海水养殖等人类活动的影响，经历了长期的水文变化。但迄今为止，有关人类活动对该区域生态环境的影响研究仍较为贫乏，而已有的少量研究表明，上述活动已对当地的生态环境造成严重影响。河口湿地生态系统服务和功能是支持海岸带区域经济发展的主要动力来源。作为具有高动力学和敏感性较强的生态系统，由于长期水动力变化、近海围海造田、污染和海水养殖等因素的影响，20世纪以来河口生态系统功能退化趋势严重。

　　黄河三角洲作为典型的河口湿地生态系统，具有丰富的生物资源，目前正受到人类活动的干扰。黄河三角洲的发育和湿地景观受入海径流、黄河携带的悬浮物以及黄河入海口的影响。由于黄河径流和携带泥沙量的减少，年均造陆面积已由1979年之前的32.4 km²变为2.7 km²，尤其是1996—2002年期间的干旱对径流量的影响较为严重。学术界普遍认为侵蚀和掩埋等地质作用，以及湿地景观的变化造就了现代黄河三角洲复杂的地理模式。黄河三角洲自20世纪以来进行了大规模的围海造地以及海水养殖，造成河流和沼泽湿地面积减少，水库、水田、虾池、滩涂湿地面积明显增加。2005年的海水养殖面积比1985年增加超过300倍。围海造田和海水养殖同时也导致黄河口和邻近海域富营养化问题明显突出。赤潮已造成了大量的经济损失，如2004年黄河口及邻近海域赤潮，造成直接经济损失300万元，同时浮游动物和浮游植物生物多样性明显下降。迄今为止，很少有研究深入分析人类活动对黄河口生态环境的长期影响，也不明晰目前的发展将如何进一步影响生态系统。

　　大型底栖动物是重要的海洋动物类群之一，在海洋生态系统能量流动和物质循环、生态系统平衡与稳定中起着重要的作用。大型底栖动物是许多经济甲壳动物、鱼类和鸟类等重要的食物来源，其中的许多贝类和甲壳动物也被我们食用。根据生态系统多稳态理论，大型底栖动物群落并不可能全部崩溃，但非生物环境变化和人类活动的干扰会引起群落中物种组成的变化，这也使底栖动物经常作为生态系统健康状况的长周期指示种。

黄河三角洲湿地对于河口和海洋生态系统的稳定性具有重要的生态作用，为了对其更有效地保护和合理利用，掌握湿地内海洋生物多样性的现状和变化就变得至关重要。因此，基于三年来对黄河三角洲自然保护区不同湿地类型大型底栖动物进行的全方位摸底调查研究，本书重点描述了保护区内的大型底栖动物群落现状，系统研究了其物种组成、生物量和丰度、生物多样性的时空变化特征，并对引起该变化的人为和环境因素进行探讨，以期为山东黄河三角洲国家级自然保护区管理委员会提供保护区相关保护、管理建议。书中物种描述所用图片，绝大部分为保护区内生物样品的照片；少数物种标本不完整的，则引用其他文献和网络的图片，已注明出处。

编著分工：前言由李宝泉编写；第一章由吕卷章、赵亚杰、王安东、朱书玉编写；第二章由杨东、李晓静、陈琳琳编写；第三章由陈琳琳、陈静、杨东、李晓静、周政权、刘甜甜编写；第四章由李晓静、韩广轩、周政权、陈琳琳、陈静编写；第五章由李宝泉、王全超、刘博、宋博、姜少玉、刘春云编写。书中物种拍照、图片处理和文字输入由杨东、杨陆飞、闫朗、刘春云、刘英负责。全书由吕卷章、陈琳琳、李宝泉、韩广轩统稿。在项目执行过程中，山东黄河三角洲国家级自然保护区管理委员会张树岩、张固然、周英锋、王伟华、张希涛、车纯广、许加美、牛汝强、吴立新、冯光海、郝迎东、张希画等参与了潮间带和近岸浅海采样。

衷心感谢中国科学院海洋研究所李新正研究员对本书出版的支持，并热忱为本书作序。感谢中国科学院黄河三角洲滨海湿地生态试验站对本项工作的全力支持。同时，山东黄河三角洲国家级自然保护区管理委员会及大汶流管理站、黄河口管理站和一千二管理站在为期三年的采样过程中给予了支持，为本书的顺利完成提供了巨大帮助，在此一并表示衷心感谢！

本书的出版得到了山东黄河三角洲国家级自然保护区管理委员会及中国科学院海岸带环境过程与生态修复重点实验室（烟台海岸带研究所）的经费支持，同时获得国家自然科学基金委–山东省联合基金（U1806207）和中国科学院站战略性先导科技专项"美丽中国生态文明建设科技工程"（XDA23050304&XDA23050202）等项目的经费资助，一并表示诚挚感谢！

由于笔者学识有限，个中纰漏在所难免，望广大读者朋友及时指出，以臻完善！

笔 者
2019年12月

Contents
目录

第一章
黄河三角洲水文和环境特征

第一节　黄河三角洲地理概况

一、海岸

近代黄河三角洲，即以垦利宁海为顶点，北起套尔河口，南至支脉沟口的扇形地带，面积约5 400平方千米，其中5 200平方千米在东营市境内。东营市海岸线北起顺江沟向河口区一侧，南至小清河向广饶一侧，全长412.67 km，约占山东省海岸线长的1/9，滩涂面积10.19万公顷。−10 m等深线以内浅海面积为48.0万公顷。沿岸海底较为平坦，浅海底质中泥质粉砂底质占77.8%，沙质粉砂底质占22.2%。海水透明度为32～55 cm。海水温度、盐度受大陆气候和黄河径流的影响较大。冬季沿岸有2～3个月冰期，海水流冰范围为0～5 n mile，盐度在35左右；春、秋季海水温度为12℃～20℃，盐度多为22～31；夏季海水温度为24℃～28℃，盐度为21～30。黄河入海口附近常年存在低温低盐水舌。东营海域为半封闭型，大部分岸段的潮汐属于不正规半日潮，每日2次，每日出现的高低潮差一般为0.2～2 m，大潮多发生于3～4月和7～11月，潮位最高超过5 m。此海域易发生风暴潮灾，近百年来发生潮位高于3.5 m的风暴潮灾7次。近海在黄河及其他河流作用下，盐度低，含氧量高，有机质多，饵料丰富，适宜多种鱼、虾索饵、繁殖。

黄河三角洲国家级自然保护区：南部区域海岸线，北起孤东油田海堤纪念碑，南至小岛河口，长84 km，呈牛角状探入莱州湾；北部区域海岸线，西起黄河故道三河口，东至桩古四十六井，总长47 km，海岸线呈"凹"形。海岸属于粉砂淤泥质海岸类型。自然保护区周边海域春季、秋季表层海水温度为12℃～20℃，夏季为24℃～28℃，冬季平均温度为0.02℃。盐度随季节的不同略有变化，一般为20～30。潮汐为不正规半日潮，黄河入海口附近平均高潮间隙为10～11 h，平均大潮潮差为1.06～1.78 m，小潮潮差为0.46～0.78 m。海冰状况在一般年份于12月上旬开始结冰，3月上旬海冰消融，冰期约为3个月。

二、地质

黄河三角洲地区在地质构造上属于济阳坳陷东部。济阳坳陷是在华北地台基础上发育起来的中生代、新生代沉积盆地。盆地的形成、演化历经中生代、新生代多次断块运动，至晚第三纪—第四纪以整体坳陷阶段结束。主要断裂方向有北东、北西和近东西三组，各组断裂发生、发展和延续时间不同，互相切错，形成帚状构造体系，各个块体相对运动形成了凸起和凹陷相间排列的格局。在长期地质发展中，各凹陷和凸起在不断地下降或相对抬升，形成了多种类型的局部构造，如潜山构造、逆牵引构造、盐丘构造、继承性构造和断壁或断阶构造。济阳坳陷是一个油藏品类繁多、富集高产的复式油气区。目前进行石油勘探开发的主体部位在东营市境内的黄河入海口两侧。地层自老至新有太古界泰山岩群，古生界寒武系、奥陶系、石炭系和二叠系，中生界侏罗系、白垩系，新生界第三系、第四系；缺失元古界，古生界上奥陶统、志留系、泥盆系、下石炭统及中生界三叠系。凹陷和凸起自北而南主要有埕子口凸起（东端）、车镇凹陷（东部）、义和庄凸起（东部）、沾化凹陷（东部）、陈家庄凸起、东营凹陷（东半部）、广饶凸起（部分）等。

三、入海径流

随着气候变化和降水等自然因素以及工农业用水和水库建设等人为因素的影响，黄河入海径流量呈显著下降趋势。对于黄河入海径流的研究，主要包括黄河水海水量变化规律的研究、径流量减少原因分析的研究以及径流量减少对生态环境影响的研究三大部分。

黄河入海径流年变化波动很大，最大的入海径流量为1964年的973.07×10^8 m³，最小的入海径流量为1997年的18.6×10^8 m³。樊辉等（2009）研究发现黄河入海径流量以每年$8.113\ 9 \times 10^8$ m³的速率显著减少，提出了1968、1985和2002年为黄河入海径流的突变点，与丁艳峰等（2009）检测出的1968、1985和1996年三个跳跃点存在微小差别。在突变点前后，黄河入海径流量出现显著的阶段性变化。孔岩等（2012）的研究进一步证实了四个径流量突变点，并研究得出了降水、取水量和气温对黄河径流量变化的影响分别为39.2%、42.2%和18.6%。茹玉英等（2006）分析了1986年前后黄河入海径流量的变化特点，结果表明，自1986年以来黄河入海径流量发生变化，表现出年际变幅小、枯水年连续出现且时间长等特点，而且500 m³/s以下的入海流量出现的时间累积占全年的72.8%。吴凯等（1998）对1972年黄河利津水文站首次出现断流现象到1997年底的断流天数进行了统计，发现断流多达908天，在黄河发生断流的年份中，平均每年发生的天数就达45.4天。

入海径流量减少和断流的原因有气温升高、降水减少、下垫面变化以及厄尔尼诺现象等自然因素，也有引黄水增多、水资源浪费、水土保持以及水库的修建等人为因素的影响。张树磊等（2015）从蒸散发、降水以及下垫面入手，对黄河流域内的大小水系进行了系统分析（图1-1），并对比了不同时间段内的具体情况，基本上是降水和下垫面这两大因素对黄河流域的径流量减少起着重要作用。气候变化导致的降水减少、黄土高原地区的水土保持以及流域内大型水库建设导致的需水量增多是黄河入海径流量锐减的根本原因。20世纪70年代以后，国家加大水土保持工作的力度，在有效拦截泥沙治理水土流失的同时，也改变了径流下垫面的特性，在一定程度上减少了黄河径流量。黄河流域水库的建设和使用对黄河入海径流量的影响也愈发明显，该影响在导致黄河入海径流量锐减的主要因素影响中占比已达30%（丁平兴，2013）。到2007年时，黄河流域的水库已达3380余座。三门峡水库在1960年开始蓄水，使得黄河发生了断流的情况，许多月份的入海径流量为零；此外，1968年的刘家峡水库、1985年的龙羊峡水库蓄水，都导致了黄河下游入海径流量的明显减少。

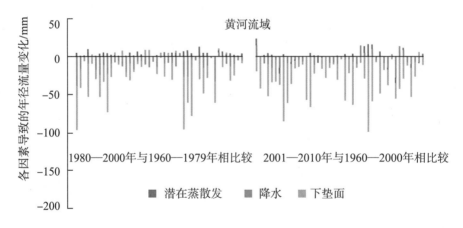

图1-1　潜在蒸散发、降水和下垫面影响下黄河不同阶段入海径流量变化
（资料来源：张树磊等，2015）

第二节　黄河三角洲水文特征

一、黄河水文特征

黄河东营段上起滨州界，自西南向东北贯穿东营市全境，在垦利县东北部注入渤海，全长138 km，提供了丰富的客水资源，由于自然和人为的影响，进入黄河三角洲的水径流量有减少的趋势。黄河水径流量年际变化大，年内分配不均，含沙量大。

1. 黄河尾闾变化

黄河三角洲是由黄河填海造陆而形成。由于黄河含沙量高，年输沙量大，河口海域浅，黄河泥沙在河口附近大量淤积，填海造陆速度很快，使河道不断向海内延伸，河口侵蚀基准面不断抬高，河床逐年上升，河道比降变缓，泄洪排沙能力逐年降低，当淤积发生到一定程度时则发生尾闾改道，另寻他径入海。平均每10年左右黄河尾闾有一次较大改道。黄河入海流路按照淤积→延伸→抬高→摆动→改道的规律不断演变，使黄河三角洲陆地面积不断扩大，海岸线不断向海推进，历经160余年，逐渐淤积形成近代黄河三角洲。

2. 黄河径流量

黄河利津水文站始建于1934年6月，位于山东省东营市利津县境内，1937年11月因抗战停测。1950年1月重新设站，现归黄河水利委员会山东水文水资源局管理，是黄河流域最后一个水文站，主要监测含沙量和水位。

据利津水文站1951—2013年实测资料，其年平均径流量为$302.45 \times 10^8 \text{ m}^3$，其中汛期7—10月为$181.78 \times 10^8 \text{ m}^3$，占年平均径流量的60.1%。最大年径流量$973.1 \times 10^8 \text{ m}^3$（1964年），最小$18.61 \times 10^8 \text{ m}^3$（1997年）；最大径流量为$10\ 400 \text{ m}^3$（1958年7月），最小径流量为断流干河。20世纪70年代、80年代、90年代及进入21世纪以来，年平均径流量分别为$311.3 \times 10^8 \text{ m}^3$、$288.0 \times 10^8 \text{ m}^3$、$142.2 \times 10^8 \text{ m}^3$和$132.4 \times 10^8 \text{ m}^3$。2012年，黄河利津水文站径流量$282.5 \times 10^8 \text{ m}^3$，比上年多$98.3 \times 10^8 \text{ m}^3$。

由于受黄河流域引黄工程、大中型水库调节及土地利用变化等因素影响，中华人民共和国成立后，黄河径流发生了很大变化。20世纪50年代黄河流域水利工程稀少，工农业耗用水量较少，黄河径流接近正常情况，利津水文站平均年径流量为 $476.9 \times 10^8 \, m^3$，比多年平均值偏多51.5%。20世纪60年代，由于三门峡等大中型水利工程建成运行，径流变化主要受水库调节影响，在此期间，黄河下游引黄灌区经历了前期停灌、后期复灌，用水比20世纪50年代明显增多，黄河中上游引黄亦有较大发展，但总体用水水平仍较低，同时由于中上游降水偏丰，黄河水量明显偏多，利津水文站平均年径流量 $501.2 \times 10^8 \, m^3$，比多年平均值偏多59.2%。20世纪70年代，刘家峡水库投入运用，不仅对来水有较大的调节作用，而且改善了中上游河段的引水条件，加之需水量增加，利津水文站以上引水量增至 $252.0 \times 10^8 \, m^3$，又适逢流域降水偏少，属枯水时段，利津水文站平均年径流量为 $311.3 \times 10^8 \, m^3$，较多年平均值偏少1.08%。20世纪80年代，黄河流域经历了1981—1985年的丰水时段和1987—2002年以来的平偏枯时段，1986年10月龙羊峡水库建成运用后，由于龙羊峡、刘家峡等大中型水库调蓄影响，黄河径流年际年内变化趋于均匀，加之流域引水量达到较高水平，利津水文站平均年径流量仅为 $286.0 \times 10^8 \, m^3$，比多年平均值偏少9.13%。进入20世纪90年代，上中游大中型工程运用相对稳定，但黄河主要产流区进入连续干旱年份，降水偏少，而同期流域年均耗用黄河水量高达 $288.0 \times 10^8 \, m^3$，再由于流域水土保持工程在减沙的同时，也减少了进入下游的径流量，该时期利津水文站年平均径流量骤减至 $142.2 \times 10^8 \, m^3$。2000年以后，小浪底水库建成运行，由于降水偏少，再加上流域耗用水居高不下，利津水文站平均年径流量仅为 $159.17 \times 10^8 \, m^3$。利津水文站1951—2013年年径流量见图1-2，不同年代年径流量见表1-1。利津水文站不同保证率来水量见表1-2。

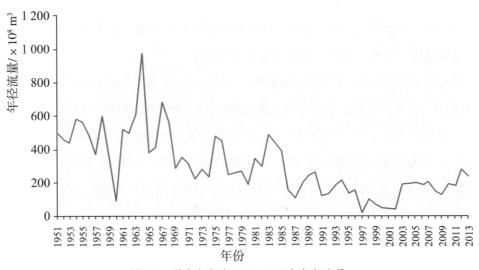

图1-2　利津水文站1951—2013年年径流量

表1-1 利津水文站不同年代实测径流量统计表 单位：×10⁸ m³

时段	20世纪50年代	20世纪60年代	20世纪70年代	20世纪80年代	20世纪90年代	2000—2013年	多年平均值
年平均值	476.9	501.2	311.3	286.0	142.2	159.17	302.45
7—10月	304.1	288.1	187.4	189.8	83.2	68.7	181.78

表1-2 利津水文站不同保证率来水量表 单位：×10⁸ m³

系列	统计参数			不同保证率可引黄水量			
	平均值	Cv	Cs/Cv	50%	75%	95%	97%
1951—2006年	314.7	0.62	2.00	275.4	171.3	75.2	59.5
1980—2013年	192.9	0.71	2.00	161.7	92.3	33.9	25.5

注：Cv，变差系数；Cs，偏态系数。

3. 黄河断流情况

黄河断流始于1972年，主要发生在下游山东段，尤其是20世纪八九十年代几乎连年断流，甚至跨年度断流。根据利津水文站1972—2007年水文资料分析，该站有22年出现断流，累计断流90次共1 092天，平均每年断流50天。其中1997年断流最严重，累计长达226天，占全年时间的62%，断流河段曾上延至河南开封柳园口，最大长度704 km，占黄河下游河道长度的90%。另外，1981、1995和1996年断流上界曾到达河南兰考附近，其余断流大都发生在济南附近及其以下河段。黄河利津水文站断流情况见表1-3。

表1-3 黄河利津水文站断流情况统计表

年份	1991	1992	1993	1994	1995	1996	1997	1998	1999	2000年以后
断流天数/天	16	83	60	74	122	136	226	142	42	0

自1999年4月以来，黄河水利委员会加大对沿黄地区引水的管理力度，实行全程管理、统一调度，按国务院分配水量进行配水，山东省引黄灌溉实行轮灌制度。

2000—2013年黄河未出现断流现象。

实施黄河水量统一调度以来，虽然实现了连续10多年不断流，但是由于水资源紧缺，生活用水、工农业生产用水、生态用水协调难度大，经常出现工农业生产用水挤占生态用水的现象，生态用水指标难以满足，用水高峰期河道基流较小，尤其是刚实施统一调度的3~4年，由于调度手段薄弱，来水严重偏枯，经常面临断流威胁。例如，2000年4月25日，利津断面流量为2.5 m^3/s；2001年7月22日，潼关断面流量一度降至0.95 m^3/s；2003年，利津断面近200天流量在50 m^3/s以下；2003年，头道拐断面48天流量在100 m^3/s以下，7月1日一度降至15 m^3/s。尽管黄河从水文学概念上没有断流，但是在生态学、景观学上处于功能性断流状态，难以维持健康状况。

4. 输沙量

黄河是世界上输沙量最大的河流，黄河三门峡站多年（1956—2000年）平均实测输沙量11.4×10^8 t，相应的实测径流量357.9×10^8 m^3，平均含沙量32 kg/m^3，在世界大江大河中名列第一。最大年输沙量达39.1×10^8 t，最高含沙量920 kg/m^3。

进入利津水文站的沙量在时间上分布很不均匀，输沙量主要集中在汛期。根据利津水文站1951—2013年实测资料统计，平均年输沙量为7.07×10^8 t，其中汛期输沙量5.92×10^8 t，占年均输沙量的83.8%。最大含沙量为1975年的222 kg/m^3。20世纪五六十年代，黄河下游来水量、来沙量均偏丰，利津水文站20世纪50年代和60年代平均年输沙量分别为13.20×10^8 t和10.89×10^8 t。随着中、上游干流骨干工程的建成运用及引黄用水的增加，进入下游的沙量相应减少，20世纪70年代利津站平均年输沙量为9.00×10^8 t。20世纪80年代由于丰水年份水量集中，汛期含沙量比重较大，利津水文站平均年输沙量为6.39×10^8 t，汛期输沙量为6.00×10^8 t，占年总量的93.9%。20世纪90年代，由于流域降水偏少，加上龙羊峡水库蓄水调节作用，黄河下游来水量、来沙均量偏枯，利津水文站平均年输沙量为3.94×10^8 t，汛期输沙量为3.44×10^8 t，占年总量的91.0%，分别比多年平均值偏少49.2%和47.7%。2000—2013年平均年输沙量仅为1.37×10^8 t，汛期输沙量为1.01×10^8 t，占年总量的73.7%。根据利津水文站1951—2013年实测资料统计，该站多年平均含沙量为24.7 kg/m^3，其中汛期含沙量为34.4 kg/m^3。利津水文站1951—2013年输沙量见图1-3，不同年代输沙量详见表1-4。利津水文站1951—2013年来年径流量、年输沙量、汛期水量、汛期输沙量和含沙量见表1-5。

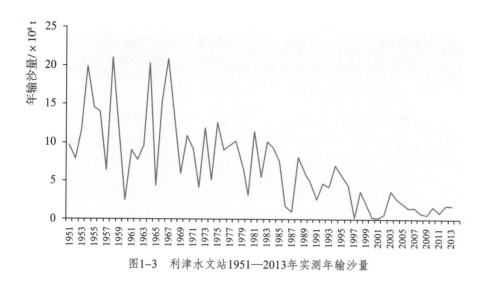

图1-3 利津水文站1951—2013年实测年输沙量

表1-4 利津水文站不同年代实测输沙量统计表　单位：×10⁸ t

时段	20世纪50年代	20世纪60年代	20世纪70年代	20世纪80年代	20世纪90年代	2000—2013年	多年平均值
年平均值	13.20	10.89	9.00	6.39	3.94	1.37	7.07
7—10月	11.56	8.68	7.57	6.00	3.44	1.01	5.92

表1-5 利津水文站1951—2013年年径流量、年输沙量、
汛期水量、汛期输沙量、含沙量

年份	年径流量/×10⁸ m³	年输沙量/×10⁸ t	汛期水量/×10⁸ m³	汛期输沙量/×10⁸ t	含沙量/（kg/m³）
1951	499.0	9.59	301.2	7.95	19.22
1952	458.0	7.79	258.6	6.09	17.01
1953	440.0	11.70	277.2	10.45	26.59
1954	581.0	19.80	383.2	17.61	34.08
1955	562.0	14.40	349.6	11.93	25.62
1956	486.0	14.00	305.8	11.79	28.81
1957	371.0	6.43	219.5	5.40	17.33
1958	597.0	21.00	442.6	19.26	35.18

续表

年份	年径流量 /×10⁸ m³	年输沙量 /×10⁸ t	汛期水量 /×10⁸ m³	汛期输沙量 /×10⁸ t	含沙量 /（kg/m³）
1959	298.0	14.30	199.3	13.55	47.99
1960	91.5	2.42	68.6	2.34	26.45
1961	520.0	8.99	286.6	6.04	17.29
1962	494.0	7.73	267.1	5.51	15.65
1963	612.0	9.60	353.0	7.01	15.69
1964	973.0	20.30	601.0	15.93	20.86
1965	381.0	4.34	129.8	2.68	11.39
1966	410.0	15.60	290.0	14.83	38.05
1967	684.0	20.90	443.1	17.45	30.56
1968	558.0	13.20	314.8	10.66	23.66
1969	288.0	5.81	126.5	4.37	20.17
1970	354.0	10.90	188.5	9.21	30.79
1971	318.0	9.19	146.4	5.74	28.90
1972	223.0	4.08	103.7	2.69	18.30
1973	282.0	12.00	184.5	10.68	42.55
1974	232.0	5.04	118.2	3.96	21.72
1975	478.0	12.60	303.6	10.01	26.36
1976	449.0	8.98	322.6	8.14	20.00
1977	248.0	9.49	145.7	9.01	38.27
1978	259.0	10.20	192.5	9.78	39.38
1979	270.0	7.33	167.8	6.54	27.15
1980	189.0	3.08	102.0	2.61	16.30
1981	346.0	11.50	287.4	11.23	33.24
1982	297.0	5.42	207.5	4.80	18.25
1983	491.0	10.20	317.1	8.19	20.77
1984	447.0	9.34	326.6	8.77	20.89
1985	389.0	7.56	221.9	6.51	19.43

年份	年径流量 /×10⁸ m³	年输沙量 /×10⁸ t	汛期水量 /×10⁸ m³	汛期输沙量 /×10⁸ t	含沙量 /（kg/m³）
1986	157.0	4.69	87.1	3.83	29.87
1987	108.0	0.96	50.9	0.77	8.89
1988	194.0	8.12	152.6	8.02	41.86
1989	242.0	5.99	144.5	5.28	24.75
1990	264.0	4.69	130.3	3.51	17.77
1991	127.0	2.60	64.5	2.11	20.47
1992	146.0	4.60	71.8	4.07	31.5l
1993	183.0	4.20	107.9	3.71	22.95
1994	217.0	7.35	112.6	5.95	33.87
1995	136.7	5.69	86.0	5.44	41.62
1996	155.2	4.35	128.4	4.20	28.03
1997	18.6	0.14	2.43	0.06	7.53
1998	106.1	3.75	83.1	3.44	35.34
1999	68.4	1.98	44.6	1.92	28.95
2000	48.6	0.23	17.2	0.11	4.73
2001	46.4	0.19	13.0	0.06	4.09
2002	41.9	0.54	29.5	0.52	12.89
2003	192.6	3.69	123.1	2.92	19.16
2004	198.8	2.58	108.1	1.97	12.98
2005	206.8	1.91	113.5	1.25	9.24
2006	191.7	1.49	76.20	0.61	7.77
2007	204.0	1.47	129.28	1.08	7.66
2008	145.6	0.771	60.52	0.41	4.01
2009	132.9	0.561	63.90	0.24	3.05
2010	193.0	1.67	133.03	1.40	8.56
2011	184.2	0.926	71.76	0.62	4.74
2012	282.5	1.83	106.25	1.42	9.37

续表

年份	年径流量 /$\times 10^8$ m^3	年输沙量 /$\times 10^8$ t	汛期水量 /$\times 10^8$ m^3	汛期输沙量 /$\times 10^8$ t	含沙量 /（kg/m^3）
2013	236.9	1.73	102.35	1.53	10.02

5. 黄河调水调沙

小浪底水库设计总库容为126.5×10^8 m^3，包括拦沙库容75.5×10^8 m^3，防洪库容40.5×10^8 m^3，调水调沙库容10.5×10^8 m^3。小浪底水库1999年9月下闸蓄水运用，至2002年汛前库区累计淤积泥沙约为7.3×10^8 m^3，因此，2002年7月1日黄河进行了首次调水调沙试验。截至2013年，黄河已成功进行了13次（其中2007年2次）调水调沙。2002—2013年利津水文站黄河调水调沙期间流量、水位、径流量和日期见表1-6。2006—2013年黄河调水调沙期间利津水文站最高、最低与平均流量和最高、最低与平均水位分别见图1-4和图1-5。

表1-6　利津水文站黄河调水调沙期间流量、水位、径流量和日期统计表

年份	流量/（m^3/s）			水位/m			年径流量 /$\times 10^8$ m^3	调水调沙 开始日期	持续时间/天
	平均	最高	最低	平均	最高	最低			
2002	1 140	2 500	42.5	12.63	13.8	11.26	41.9	7月1日	25
2003	1 905	2 690	276	13.26	13.93	13.00	192.6	8月30日	28
2004	1 844	2 870	674	12.60	13.46	11.63	198.8	6月15日	34
2005	1 946	2 950	671	12.60	13.33	11.41	206.8	6月13日	24
2006	2 733	3 750	1 100	13.11	13.77	11.90	191.7	6月11日	20
2007	2 563	3 820	132	12.94	13.89	10.60	204.0	6月21日	28
2008	2 582	4 050	390	12.72	13.73	10.85	145.6	6月22日	18
2009	2 452	3 730	230	12.45	13.31	10.31	132.9	6月22日	18
2010	2 514	3 900	330	12.47	13.25	10.39	193.0	6月22日	20
2011	2 020	3 200	89.4	12.08	12.99	9.04	184.2	6月23日	22
2012	2 597	3 530	971	12.53	13.21	11.18	282.5	6月24日	22
2013	1 715	3 640	410	11.85	13.24	10.56	236.9	6月1日	50
平均值	2 167.6	3 385.83	442.99	12.60	13.49	11.01	164.5	—	25.75

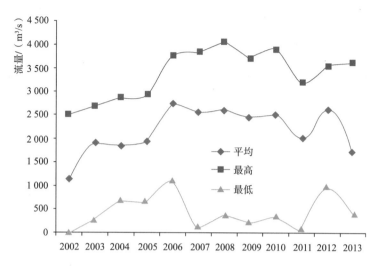

图1-4　2002—2013年黄河调水调沙期间利津水文站最高、最低与平均流量

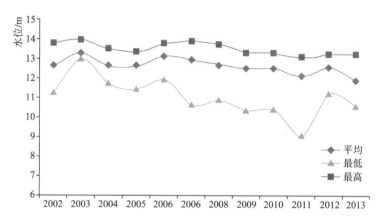

图1-5　2002—2013年黄河调水调沙期间利津水文站最高、最低与平均水位

在调水调沙期间的黄河平均流量和平均水位明显高于其年平均流量和年平均水位，详见表1-7。调水调沙期间利津水文站的平均流量为2 167.6 m³/s，是多年年平均流量的3.97倍；调水调沙期间的平均水位为12.60 m，比多年年平均水位高出1.36 m。

表1-7　调水调沙期间平均流量、水位与年平均值统计表

年份	流量/（m³/s）		水位/m	
	年平均值	调水调沙期间平均值	年平均值	调水调沙期间平均值
2002	131.38	1 140	11.20	12.63
2003	610.25	1 905	11.76	13.26

续表

年份	流量/（m³/s）		水位/m	
	年平均值	调水调沙期间平均值	年平均值	调水调沙期间平均值
2004	626.83	1 844	11.46	12.60
2005	652.50	1 946	11.50	12.60
2006	607.40	2 733	11.39	13.11
2007	643.17	2 563	11.19	12.94
2008	461.33	2 582	11.08	12.72
2009	419.83	2 452	10.82	12.45
2010	608.67	2 514	10.86	12.47
2011	491.69	2 020	10.77	12.08
2012	739.67	2 597	11.65	12.53
2013	748.90	1 715	11.17	11.85
多年平均值	544.80	2 167.6	11.24	12.60

黄河河道水位变化受多种因素的影响。除了洪水自身的含沙量、流量等因素之外，河床的冲刷、淤积是影响水位高低（降低或升高）的主要因素，河床物质组成的变化、比降的调整都可能引起水位的大幅度变动。在调水调沙期间，黄河入海口地区河床不稳定的特点导致洪水的水位峰与流量峰一般不同步，多出现水位峰提前于流量峰的情况。

6. 黄河三角洲淤积与扩展

黄河口是一个弱潮强堆积性河口，海域水深小，海洋动力较弱，黄河泥沙来量大。黄河平均每年输入河口的泥沙中，除少量输往外海域外，大部分泥沙在河海交界区，因水流挟沙能力骤减，落淤而成拦门沙，并快速向海延伸，填海造陆。河口淤积延伸，尾闾河道比降变缓，溯源淤积抬高下游和尾闾河道，使尾闾河道泄洪排沙能力减弱。当尾闾延伸到一定长度后，不能适应泄洪排沙时，尾闾河道就出汊摆动改道，接着河口尾闾又按淤积→延伸→摆动→改道顺序发展，使入海口不断更迭，海岸线向海域推进，造成辽阔的三角洲。

根据黄河水利委员会山东河务局资料，1992年9月到1996年10月平均年净淤进面积为13.0 km²，其中1996年6月到1996年10月净淤进面积为21.89 km²；1996年10

月到1997年10月净淤进面积为-10.44 km²；1997年10月到1998年10月净淤进面积为10.89 km²。

7. 黄河冰凌状况

黄河山东段在东经113°30′~118°40′、北纬34°50′~38°00′，河道呈西南—东北走向。冬季经常受寒潮侵袭，上、下河段平均气温相差3℃~4℃，且正负交替出现。河道流量一般在200~400 m³/s。由于河道、气象、水文等自然条件的作用，几乎每年都有凌汛，且经常发生插凌、封河。

黄河下游因上、下河段气温差异，一般是先从河口地区封河，然后递次上延。据统计，在封河年份中，2/3以上年份在河口地区首封（西河口以下）。西河口以上窄河段因两岸险工坝头交错对峙，弯道较多，在流凌密度较大时，也可插凌封河。但首封地点一般在济南泺口以下。

从历年冰凌变化情况看，一般从12月开始淌凌，封河时间主要集中在12月中旬至1月下旬，且以12月中下旬为多。据统计，在38次封河年份中，12月中、下旬首封次数分别为10次和9次，占总封河次数的26.3%和23.7%；1月上、中旬均为6次，各占15.8%；1月下旬为5次，占13.2%。每年的最迟开河时间主要集中在2月中旬至3月上旬，该时段最迟开河年份占总开河年份的79%；有些年份最迟开河在2月上旬或推迟到3月中旬。平均封冻天数为52天，封冻时间最长是1987—1988年度，为88天；最短时间是1977—1978年度，为6天。在封冻年度中，封冻最上首达河南荥阳汜水河口，短的仅封至垦利十八户，其中有10次封冻最上首在济南泺口以下，占26.3%。封冻长度最长703 km，最短25 km，平均311 km。冰量最多达1.42×10⁸ m³，最少仅0.011×10⁸ m³，平均为0.364×10⁸ m³。在泺口以下的冰盖厚度一般为0.2~0.4 m。

8. 其他河流水文状况

自然保护区境内主要通海河道有刁口流路黄河故道、小岛河、人工河等，全为排水河道。刁口流路黄河故道总长59 km，自然保护区一千二管理站境内有三河和四河两条现在通海的黄河故道。四河在自然保护区境内长13 km，河内水由于受海潮的影响为咸淡水；三河在自然保护区内长11 km，主要受海潮的影响，水为咸水。小岛河位于自然保护区大汶流管理站南界，全长27.5 km，在自然保护区境内长2 km，为排水河道。人工河位于自然保护区黄河口管理站界内，全长8 km，是1987年人工挖成的黄河入海分流河道，垂直于现行黄河河道，主要受潮水影响，借助潮水可进出小渔船。

二、地下水

黄河三角洲地区水资源较贫乏，90%以上地区地下水为咸水、微咸水，矿化度较高。自然保护区地下水除小范围内分布着浅层微咸水外，几乎全为咸水。地下咸水埋深一般为2～5 m，近海地带小于1 m；多为氯化物-钠型水或氯化物-硫酸盐-钠型水。自然保护区内的微咸水为浅层微咸水，主要分布在现行黄河河道附近。分布面积受季节影响明显，丰水期降水补给充沛，微咸水区面积扩大；枯水期面积缩小，局部成为咸水。水位埋深一般为1～4 m。水质化学类型为氯化物型。

自然保护区地下水类型属于第四纪潜水，主要靠大气降水及黄河水源补给，以蒸发为主要排泄方式。2008年11月30日测得该场地地下水静止水位埋深为1.50～2.30 m，相应标高为0～0.42 m。地下水位随季节的变化而变化，历年最高水位埋深为0 m，水位变化幅度为3.00 m。

第三节　黄河三角洲底栖生态环境

黄河三角洲位于渤海西岸，海岸线全长350 km，滩涂总面积为12万公顷，是山东省最大的滩涂和浅海，其底质全为泥沙，是我国重要的贝类资源基地之一。自1855年7月河南铜瓦厢决口至2013年7月的158年间，黄河入海流路因泥沙堆积，河床抬高，流路不畅，自然或人工改道已有50多次。形成于不同时期形态各异的流路堆积体，营造了曲折的黄河三角洲海岸。通常早期流路堆积岸段经波浪长期淘蚀和水流搬运，近岸沉积物粗化，抗冲力增强，侵蚀趋于减缓；现行流路岸段，由于黄河来沙补给，不断向海淤进（胥维坤等，2016；彭俊等，2010；李九发等，2013）。

黄河入海泥沙是黄河三角洲沉积物的最主要来源，多为细颗粒泥沙，因此黄河三角洲沉积物以细颗粒泥沙为主。近年来，黄河入海水量、沙量显著减少。据2017年《中国河流泥沙公报》中黄河口利津水文站资料（http://www.mwr.gov.cn/sj/tjgb/zghlnsgb/201809/t20180928_1048835.html），2017年黄河入海径流量为89.58×10^8 m^3，入海沙量为0.077×10^8 t。其中入海沙量不足1952—2015年沙量平均值（6.74×10^8 t）

的1%，也不足近10年的平均值（0.829×10^8 t）的9%。在自然状态下，黄河水、沙通常多在夏、秋两汛期入海，自2002年小浪底水库实施调水调沙以来，水、沙经人工调蓄多集中在夏汛前排放，造成每年7月入海水、沙最多（图1-6）。短期内大量水、沙集中入海势必会对近岸沉积物产生很大的影响。

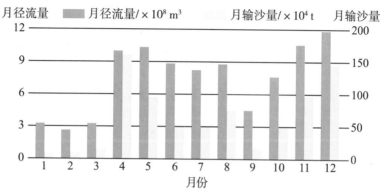

图1-6　2017年黄河口利津水文站各月径流量和输沙量
（资料来源：2017年《中国河流泥沙公报》）

有资料显示，黄河三角洲潮间带最主要的沉积物类型为粉砂、粉砂质砂和砂质粉砂呈斑状嵌于粉砂沉积的范围中。高潮线附近沉积物类型为粉砂；由潮上线到潮下线，沉积物粒径变粗，中值粒径逐渐增大，与黄河三角洲沉积物来源有关。

黄河三角洲近岸沉积物由黏土、粉砂和砂三种组分组成（胥维坤等，2016）。除砂中的粗砂由风暴潮从莱州湾东部的基岩质海岸搬运所致外，其余都来自黄河入海泥沙。悬沙与底质相比，悬沙的粒度参数差异小；悬沙的粉砂组分比底质的多，砂的组分比底质的少；悬沙和底质组分的差值，可作为岸滩冲淤的判据，差值大的区域多属于侵蚀态岸滩，反之多属于淤积态岸滩。近年来，现行河口在淤涨，为淤积区；老河口仍在蚀退，为侵蚀区。据统计，淤积区的黏土组分在17.85%～31.98%，侵蚀区的黏土组分在1.85%～9.13%；在刁口以西侵蚀区的黏土组分为4.19%～10.29%，全区124个样品黏土组分的均值为14.61%。由此可见，侵蚀区黏土组分的最大值都低于或微高于10%，淤积区的黏土组分均高于全区均值14.61%。据此可在一定程度上把沉积物中的黏土组分作为判断黄河三角洲岸滩冲淤状态的指标，即黏土组分≤10%为侵蚀，≥15%为淤积，介于10%～15%为相对稳定。依据Shepard分类法，研究区沉积物共有六种类型，其中以黏土质粉砂、砂质粉砂和粉砂质砂居多，分别占样品总数的35.48%、31.45%、24.9%，都呈片状分布，且分布面积大；粉砂、砂-粉砂-黏土两类各占样品总数的4.08%，呈曲折的条带状分布，镶嵌在片状分布中；砂是六种沉积物类型中最粗的一类，仅占样品总数的1.6%，呈斑块状分布于废弃的老河口和湾湾沟口门（胥维坤等，2016）。

第四节　山东黄河三角洲国家级自然保护区
设置的目的和意义

一、设置目的

自然保护区是指"为保护和保持生物多样性、自然和社会及文化资源而依法受到有效管理的一定的陆地和海洋区域"（IUCN，1994）。其功能是保护、发展、维护环境、游乐、研究以及信息交流等。1990年12月，东营市政府批准建立"黄河三角洲市级自然保护区"；1991年11月，山东省政府批准建立省级自然保护区；1992年10月，国务院批准建立"山东黄河三角洲国家级自然保护区"，面积达15.3万公顷，其中核心区5.94万公顷，缓冲区为1.12万公顷，实验区为8.23万公顷。自然保护区分南、北两部分，南部区域位于现行黄河入海口，面积为10.45万公顷；北部区域位于1976年改道后的黄河故道入海口，面积为4.85万公顷，一千二、黄河口、大汶流三个管理站全部划入自然保护区。

二、设置意义

（一）自然保护区能为人类提供生态系统的天然"本底"

各类生态系统是生物与环境长期相互作用的产物，而生物资源是人类生存最基础的资源，更是社会经济可持续发展的战略资源。建立自然保护区最初的目的就是保护自然资源和自然环境，使自然生态系统能够协调发展，使野生动植物能正常生存、繁衍，使各种具有科学价值和历史意义的自然、历史遗迹和有益于人类的自然景观能保持本来的面目。

（二）开展科学研究和环境监测作用，发挥生态研究的天然实验室作用

自然保护区里保存有完整的生态系统，丰富的物种、生物群落及其赖以生存的环

境，为进行各种有关生态学的研究提供了良好的基地，成为设立在大自然的天然实验室。自然保护区的长期性和天然性特点，为进行一些连续、系统的观测和研究，准确地掌握天然生态系统中物种数量的变化、分布及其活动规律，以及进行自然环境长期演变的监测和珍稀物种的繁殖和驯化等方面的研究提供了有利条件。丰富的资源和独特的地理条件使自然保护区成为开展科学研究和环境监测的重要基地，也是实现自然保护区有效保护和合理利用的关键。

（三）生态服务功能作用

自然保护区由于保护了天然植被及其组成的生态系统，在改善环境、保持水土、涵养水源、维持生态平衡等方面发挥着重要作用。截至2016年，全国各级自然保护区有2 740个，不仅总面积大，而且类型多样，几乎包括山地、森林、湿地、水域、滩涂、荒漠、岛屿和海洋等所有生态系统类型，众多的自然保护区发挥着重要的生态功能，已成为维护生态安全、发挥生态服务功能的重要力量。当然，要维持大自然的生态平衡，仅靠少数几个自然保护区是远远不够的，但它却是自然保护综合网络中的一个重要环节。

（四）向公众进行有关自然和自然保护宣传教育的天然博物馆

在自然保护区内的生态旅游区域，通过精心设计的游览路线和视听工具，利用自然保护区这一天然大课堂，增加人们的生物、地理学等方面的知识。自然保护区内通常设有小型展览馆，通过模型、图片、录音、录像等设备，宣传有关自然和自然保护的知识，向人类展示大自然丰富多彩的生态系统，向公众揭示大自然的奥秘，也是人类体验与自然和谐共存的佳境。简单、生动、灵活多样的科普、环保知识宣传，使公众逐步认识到保护自然资源和自然环境、与大自然和谐共存的重要性，同时也使其认识到自然保护区建设的重要意义。

（五）保护生物多样性的作用

自然保护区内有多种多样的生物种群和自然群落，自然保护区的建立能使其顺利生存、繁衍、发展，并能发挥自然平衡功能。同时，自然保护区内还含有多种地貌、土壤、气候、水系及独特的人文地理景观单元，不仅保护了多样化的景观，而且保护了不同景观下的动植物，为经济、社会、生态和谐健康发展奠定了良好的基础。

（六）可持续利用资源的示范作用

自然保护区内有着丰富的野生动植物资源。有效保护自然资源是为了科学、合理、有序地对其利用。目前自然保护区在生物制药、景观观赏、资源培育、生态旅游等方面发挥着示范作用。

（七）发挥交流与合作平台作用

国际上，不同国家建立的自然保护区通常在地理单元上或生物学上相互联系，许多迁徙物种在跨国保护区或相邻保护区内往返，为保护和管理迁徙物种，需要国与国、地区与地区之间联合行动。在国内，自然保护区管理部门通过与科研院校、自然保护组织、林缘社区民众与其他自然保护区开展交流与合作，共同参与建设、保护与管理自然保护区，共享科学研究成果和自然保护区网络的众多数据信息，更有利于促进自然保护区建设和发展。

第二章
黄河三角洲潮间带大型底栖动物群落特征及长周期演替

群落演替是指在特定区域，生物群落随着时间的推移由一个类型转变为另一类型的有序的演变过程。开展底栖动物群落演替的研究，需要在固定区域进行长周期的调查和分析，获取不同时空尺度上动物群落的变化特征。结合环境条件的长期变化，综合分析群落长期演变的过程和规律，阐明该群落的演变特征和趋势，识别其重要的演变时段。同时辨析演替发生的驱动力，并借此明确气候变化和人类活动对大型底栖动物群落的影响范围和程度。

第一节　调查和分析方法

潮间带是指位于高、低潮水面线之间的区域。潮间带区域的典型特征是微环境的变化非常大，盐度、温度等环境因子变化剧烈。依据不同的潮间带类型，栖息于潮间带区域的大型底栖动物也具有不同的适应方式，如固着型、穴居型、底埋型、自由移动型。根据范振刚对潮间带的划分方法（范振刚，1978），将潮间带划分为以下三个区（带）。高潮区（带）：上限是大潮时最高水面线，下限为小潮时高潮平均水面线。高潮区被潮水淹没的时间很短，只有大潮高潮时才被淹没。中潮区（带）：属于受潮汐影响最为明显的典型潮带。中潮区上限是小潮高潮平均水面线，下限为低潮平均水面线。低潮区（带）：上限为小潮时低潮平均水面线，下限理论上为所在海区海图基准面，实际上一般为大潮低潮最低水面线。

大型底栖动物潮间带区域的调查和采样方法，样点布设原则和采样方法如下。

一、样点布设

1. 调查地点的选择依据

（1）历史资料的收集和分析

了解拟开展调查地点的历史、现状和未来若干时期的可能变化（如建厂、围垦和其他海岸工程建设），以及人类活动方式和强度、污染源分布状况，考虑污染可能影响的范围等。

（2）调查目的

根据不同目的开展相应调查，如生物多样性本底调查，需考虑调查区内可能有的潮间带类型，如岩礁、沙滩、泥沙滩、泥滩，选点力求包括有不同类型。若有困难，为保证资料的可比性，所选的点的沉积物类型应力求一致。如开展污染评估，应在远离污染源的地方，选一生态特征大体相似的清洁区（非污染区）作为对照点。

2. 断面和取样站布设

（1）断面布设原则

根据调查目的并结合历史调查资料，调查地点和断面选择在具有代表性的、滩涂底质类型较均一、潮带相对完整、受影响较小且相对稳定的岸段。

① 调查地点选定后，选取无或少人为破坏且具代表性的区域布设调查断面。

② 每一调查点，一般要设主、辅2条断面。若生境差异较小，可设1条固定断面。

③ 断面走向应与海岸垂直，并以全球定位系统（GPS）测量仪确定断面位置。

（2）断面的选择和站位的设置

在每条调查断面，按高、中、低潮分别设站，每条断面设5～7个站位（通常高潮设2站，中潮3站，低潮1～2站；潮滩面较短的潮间带，依据实际情况设置，每个站位取2个以上平行样方（李永强，2011）。

3. 调查频次和时间

根据不同的调查目的和类群，确定调查频次和具体调查时间。

基础（背景）调查：一般按生物季节和季度月，一年调查4次。[①]

监测性调查：可根据各地实情选择固定月份定期进行（如枯水期、丰水期）。但为了资料的可比性，所选月份应力求与基础调查月份一致，并尽可能避开当地主要生物种类的繁殖期。

应急性调查：如偶发性污染事故、赤潮，应进行跟踪观测，并酌情对事故后所造成的影响进行若干次必要的调查。

具体调查时间一般选择在大潮的低潮期间进行，更易于获得低潮区（带）样品。如断面或站数设置较多，工作量较大，可视情况在大潮期间调查各断面的低潮区（带），小潮期间再进行高、中潮区（带）的调查。

4. 调查方案

根据黄河三角洲自然保护区的实际情况，以及项目目的和研究内容，在黄河三角

---

① 本书研究分别于2016年夏季（8月）、秋季（10月或11月）和2017年春季（5月）、夏季（8月）、秋季（11月）进行黄河三角洲潮间带及近海大型底栖动物样品采集。其中2016年秋季，由于天气原因，潮间带与近海样品采集分两次进行，于2016年10月24—30日开展潮间带样品采集，于2016年11月16—18日开展近海样品采集。其他采样时间均为潮间带和近海样品采集同期进行。

洲国家级自然保护区开展大型底栖动物本底调查设置调查方案如下。

（1）调查方法和技术指标

调查方法主要依据《海洋调查规范第6部分：海洋生物调查》（GB/T 12763.6—2007）中的潮间带和近海生物调查部分规定。湿地采用柱状取样器，每个采样点取3~5个柱状样，分开保存。潮间带采用0.1 m²样方取样，每个采样点取2个样方，取样深度30 cm，并同时在潮间带进行定性取样，分开保存。近岸浅水区域采用阿式底拖网进行定性和定量拖网，利用GPS测量仪记录起始拖网位点，利用扫海面积法计算大型底上动物的生物量和丰度。

（2）断面和站位的设置

调查区域包括典型潮间带和近海（水深3 m以浅水域），其中潮间带断面应选择具代表性、滩面底质类型相对均一、潮带完整且人为扰动较小断面进行。潮间带设置调查断面数目11条。每条断面在高潮区、中潮区和低潮区设置3个采样点，每个采样点使用0.1 m²取样框取样2次，即每条断面取样次数为6次，取样深度为30 cm。断面及采样站位置用GPS测量仪定位，走向与海岸垂直。

潮间带调查范围如下：保护区范围内至南至小岛河。新河口至121区1条、121至70井1条、70井至96河道1条、96河道至大汶流沟2条、大汶流沟至小岛河1条断面。北部一千二管理站区域至少调查2条断面。内陆在大汶流五万亩、十万亩，黄河口三万亩、一千二恢复区设置4或5个采样点。

近海调查掌握面和点的结合，"面"考虑能代表保护区水深3 m以浅海域大型底栖动物群落特征；"点"考虑不同类型人类活动的影响，主要为近海筏式养殖、点源排污。采用阿式拖网进行，拖网点与潮间带断面对应，每次拖网要求船速不大于3节，拖网时间为30 min。

具体采样站位及经纬度见表2-1。

表2-1 黄河三角洲国家级自然保护区大型底栖动物多样性调查站位经纬度

区域	站位	地理位置	
		纬度（北纬）	经度（东经）
潮间带（定量和定性采样）	C1-1	37° 39′ 05.61″	119° 00′ 15.07″
	C1-2	37° 38′ 03.60″	119° 01′ 50.38″
	C1-3	37° 37′ 13.76″	119° 02′ 48.97″
	C2-1	37° 42′ 17.82″	119° 05′ 13.66″
	C2-2	37° 40′ 03.32″	119° 06′ 26.96″

续表

区域	站位	地理位置	
		纬度（北纬）	经度（东经）
	C2-3	37° 37′ 41.45″	119° 07′ 35.26″
	C3-1	37° 42′ 38.69″	119° 09′ 26.03″
	C3-2	37° 40′ 15.34″	119° 10′ 15.43″
	C3-3	37° 37′ 43.60″	119° 11′ 02.21″
	C4-1	37° 41′ 53.89″	119° 14′ 05.53″
	C4-2	37° 40′ 09.22″	119° 15′ 44.61″
	C4-3	37° 38′ 18.20″	119° 17′ 21.25″
	C5-1	37° 42′ 05.67″	119° 15′ 14.37″
	C5-2	37° 42′ 10.24″	119° 16′ 36.83″
	C5-3	37° 42′ 11.83″	119° 18′ 02.87″
	C6-1	37° 43′ 11.17″	119° 13′ 34.66″
潮间带（定量和定性采样）	C6-2	37° 44′ 00.67″	119° 14′ 57.92″
	C6-3	37° 44′ 47.74″	119° 16′ 26.97″
	C7-1	37° 46′ 39.98″	119° 12′ 16.19″
	C7-2	37° 47′ 32.15″	119° 12′ 21.33″
	C7-3	37° 48′ 25.92″	119° 12′ 27.55″
	C8-1	37° 46′ 21.81″	119° 09′ 26.75″
	C8-2	37° 47′ 21.26″	119° 09′ 41.94″
	C8-3	37° 48′ 24.24″	119° 09′ 55.22″
	C9-1	37° 49′ 03.31″	119° 04′ 47.34″
	C9-2	37° 49′ 48.90″	119° 05′ 54.84″
	C9-3	37° 50′ 37.42″	119° 07′ 11.05″
	C10-1	38° 04′ 28.08″	118° 45′ 30.08″
	C10-2	38° 05′ 53.59″	118° 45′ 45.12″
	C10-3	38° 07′ 14.19″	118° 45′ 58.30″
潮间带（定量和定性采样）	C11-1	38° 05′ 48.88″	118° 39′ 34.91″
	C11-2	38° 06′ 42.44″	118° 39′ 05.19″
	C11-3	38° 07′ 41.11″	118° 38′ 28.66″

续表

区域	站位	地理位置	
		纬度（北纬）	经度（东经）
水深3米以浅海域（阿式拖网定性和定量调查）	T1	37° 34′ 34.00″	119° 05′ 21.63″
	T2	37° 34′ 53.62″	119° 09′ 01.84″
	T3	37° 36′ 48.38″	119° 11′ 21.12″
	T4	37° 37′ 31.57″	119° 17′ 57.68″
	T5	37° 42′ 13.88″	119° 18′ 45.96″
	T6	37° 44′ 37.81″	119° 17′ 43.04″
	T7	37° 49′ 52.49″	119° 12′ 36.47″
	T8	37° 49′ 56.27″	119° 10′ 19.55″
	T9	37° 52′ 09.10″	119° 09′ 08.97″
	T10	38° 13′ 57.04″	118° 48′ 11.99″
	T11	38° 13′ 35.55″	118° 36′ 10.13″

二、采样、保存和处理方法

（一）生物样品采集

按《海洋调查规范第6部分：海洋生物调查》（GB/T 12763.6—2007）和《海洋监测规范第7部分：近海污染生态调查和生物监测》（GB17378.7—2007）采集生物样品。

1. 采样工具

套筛（两层，上层孔径1 mm×1 mm，下层孔径0.5 mm×0.5 mm）、搪瓷盘、镊子（大、中、小）、铁锹、小铁铲、线手套、塑料桶、广口塑料瓶、封口塑料袋、野外工作记录本、记号笔、铅笔、标签纸、手持GPS测量仪、长筒胶靴、遮阳帽、手电筒、照相机。

2. 样品采集

在到达每一采样断面时，先进行GPS定位，获取经纬度，并对不同的采样环境进行拍照，采样过程中遇有优势种大量出现或特殊标本时也及时进行拍照，以供将来进一步研究。

（1）定量样品的采集

在已确定的各断面取样点采集样品，取样面积是根据生物个体大小、栖息密度以及环境特点而定。岩石岸取样一般采用10 cm×10 cm或25 cm×25 cm的定量框，每站取2个样方。在沙滩、泥滩或泥沙滩断面的站位上，取面积为25 cm×25 cm、深度为30 cm的样方，经网孔径为0.5 mm的筛子清洗分离，并将各站样品按大类或自然属性（大小、软硬、带刺与否）分类装瓶或袋，记录并标注相应的标签。在岩礁岸段的站位上，取面积为25 cm×25 cm（生物稀少时）或面积为10 cm×10 cm（生物较密集时）的样方，细心挑出样方内的全部生物样品装入样品瓶或封口袋。

（2）定性样品的采集

在沿潮滩面行进过程中进行潮间带定性样品采集。在进行定量样品采集的同时及前后一段时间里进行高、中、低潮区定性样品的采集。

（二）水样和沉积物样品采集

1. 水样采集

一般在各断面调查的同时，于高平潮和低停潮时各采1次水样。河口区可考虑在2次采水期间内增加1次。岩沼和滩涂水洼内积水应另行采样。必要时，采集沉积物间隙水。

2. 沉积物采样

应与生物定量取样同步进行，取样站数依滩涂沉积物变化而定。遇表、底层沉积类型有明显差异时，应分层取样，并记录层、色、嗅味。其样品编号必须与该站生物定量样品编号一致。

3. 采样工具及注意事项

水样和沉积物的采样工具、容器、采样量、处理、贮运，应严格按测定项目的具体要求，见GB 17378.3、GB 17378.4及GB17378.5。

（三）生物样品保存和处理方法

1. 整理标本的工具和药品

工具：显微镜、放大镜、解剖盘、解剖刀、搪瓷盘、注射器、针头、塑料瓶、塑料袋、玻璃管、镊子、剪刀、培养皿、量筒、烧杯、吸管、脱脂棉、野外采集本、各种型号的标本瓶、线绳、纱布及装运标本、用具的包装箱等。

采集到的标本必须经过处理（麻醉、固定保存）才能制成标本。

2. 整理标本的基本程序

（1）清洗和静养

麻醉处理之前，应再次将粘在动物体上的污物、泥沙及分泌的黏液等用清水清洗去除。然后静养片刻，使其逐渐恢复自然，以便进行麻醉处理。

（2）麻醉

许多海洋无脊椎动物具有很强的收缩能力，为使标本近似于自然形态便于鉴定，故在杀死前需缓慢麻醉。常用的麻醉剂有如下几种。

薄荷脑：研成粉末撒在培养液表面或用纱布包成小球投入培养液中。

硫酸镁（泻盐）：制成饱和溶液或将结晶放入培养液中。

乙醚：用海水制成1%的溶液，用于各种动物的麻醉。

乙醇：配成70%的溶液，慢慢滴入培养液中。

氯化锰：配成0.05%～0.2%的溶液或将结晶撒在培养液面上，用于麻醉海葵。

氯仿：把纸用此液浸湿，平放在培养液面上。

3. 固定和保存

采泥和拖网样品，应按类别使用不同的固定液。暂时性保存使用5%～7%的中性甲醛溶液，永久性保存应用75%的乙醇溶液。

用不同的药物如甲醛溶液、乙醇溶液等对处于已麻醉昏死状态的动物进行快速杀死，并固定已有的形态，根据动物个体大小和结构的不同、药物渗透程度来掌握固定的时间（一般固定4～8 h或12～24 h），然后换保存液。

固定后的动物，应用不同浓度的药物浸泡和储放或再注射，使之不变质不腐败，以利于长久保存。对那些具有钙质的动物（海绵动物、节肢动物、软体动物、棘皮动物）一般不用甲醛溶液，而是用乙醇溶液保存，以防止解体粥化或附肢及棘刺等断脱。

① 对含有几丁质的动物（甲壳动物或多毛动物），目前常用的固定剂和保存剂有以下几种。

甲醛：最常用的固定剂和保存剂，出售的均为40%的甲醛溶液，可配成7%～10%的溶液为固定剂，配成3%～5%的溶液为保存剂。

醋酸：常用浓度0.3%～5%。对动物细胞有膨胀作用。

乙醇：常用70%～75%的乙醇溶液作为保存剂。

苦味酸：常用饱和溶液，单独使用易使动物细胞收缩。

乙醇–甲醛固定液：由90%的乙醇溶液和40%的甲醛溶液按9:1混合配成。标本固定后不用冲洗，可放入80%的乙醇溶液中再转入70%的乙醇溶液中保存。

波恩氏液：由苦味酸饱和溶液、40%的甲醛溶液和冰醋酸按15:5:1的比例混合配成。固定12～48 h用70%的乙醇溶液冲洗，后用70%的乙醇溶液保存。

乙醇–甲醛保存液：70%的乙醇溶液与2%的甲醛溶液等量混合作为保存剂，能使标本不胀不缩，保持原样。

此外，还有卡诺尔氏液和纽柯姆尔氏液等，用于固定组织和器官，以备制作切片。

②海绵动物先用85%的乙醇溶液固定，后换以75%的乙醇溶液加5%的丙三醇溶液保存。

③腔肠动物、纽形动物、环节动物以及部分甲壳动物先用薄荷脑或硫酸镁麻醉，后换5%的中性甲醛溶液固定。

④个体较大的鱼类和头足类样品（0.25 kg以上），应将10%的甲醛溶液注射入其腹腔。海胆在固定前应先刺破围口膜。

⑤余渣用四氯四碘荧光素染色剂固定液固定，便于室内标本挑拣。

若按上述方法固定的样品，超过两个月未能进行分离鉴定，应更换一次固定液。

三、数据处理方法

大型底栖动物研究主要包括物种组成、生物量、栖息密度、种类分布和群落结构等方面的研究。本节主要介绍大型底栖生物群落分析方法。对大型底栖动物群落结构变化的分析方法很多，都是基于这样一个理论，即依据底栖生物群落结构的变化来评价环境质量状况。在人类活动干预或环境受到污染后，其群落结构便发生变化，较为敏感的种类和不适应缺氧环境的种类逐渐消失，而较高耐受性的生物种类成为优势种类，群落结构趋向简化，种类间的分布平衡被打破。从20世纪50年代起，不少学者开始引入一些数学公式评估污染状况，如多样性指数（Diversity index）（Shannon，1949）、观测值/预测值（O/E）（陈凯等，2016）、生物完整性指数（Index of biological integrity）（陆宇超，2015）；也常用一些图形方法评估污染状况，如种内个体对数正态分布法（李勇，2010）、丰度生物量比较法（李恒翔等，2010；杨俊毅等，2007）。各种方法实际上都是通过数学手段，捕捉各种信息，了解采样站位的物种数与物种相对多度概况，阐明物种数或物种多度沿环境梯度变化的速率和范围，确定群落结构的变化与污染之间的关系。这些方法大致可分成三类，即单变量分析、作图分析和多变量分析。

（一）单变量分析

单变量分析是通过计算和比较代表群落结构信息的单一变量，确定不同群落或同一群落不同时间的结构差别。目前，单变量分析中应用的指数有很多种，其中主要有物种丰富度指数（邓玉娟等，2016）、Shannon–Wiener指数和均匀度指数（许晴等，2011）等。

1. 物种丰富度指数（d）

物种丰富度指数是最简单、最古老的物种多样性测度方法，一般用物种数目与个体总数之间的关系来测算，比较常用的公式为：

$$d=(S-1)/\ln N$$

式中，S 为物种数目，N 为所有物种个体数之和，d 为丰富度指数。

2. Shannon–Wiener指数（H'）

该指数是最常用的生物多样性指数，它综合了群落的丰富性和均匀性两个方面的影响，计算公式为：

$$H'=-\sum_{i=1}^{s} P_i \times \log_2 P_i$$

式中，S 为收集到的物种数目，P_i 为该站位第 i 种的个体数占总个体数的比例，如样品总个体数为 N，第 i 种个体数为 n_i，则 $P_i=n_i/N$。

3. 均匀度指数（J'）

均匀度可以定义为群落中不同物种的多度（生物量或栖息密度）分布的均匀程度，常用公式为：

$$J'=H'/\log_2 S$$

式中，H' 为 Shannon-Wiener 指数，S 为收集到的物种数目。

4. 优势度指数（Y）

该指数用于指示某物种在群落中的优势地位，常用公式为：

$$Y=\frac{n_i}{N}f_i$$

式中，N 为在各个站位采集的所有物种的总个体数，n_i 为第 i 种的总个体数，f_i 为该物种在各调查站位中的出现频率（陈亚瞿等，1995）。

（二）作图分析

作图分析是将群落的结构特征，如种类数、各物种个体数的分布，经过数学转换，再以图形形式表现出来，从而对群落的结构特征进行直观的分析。常见的作图分析有Sander曲线、种类的拟合对数正态分布，丰度–生物量曲线（ABC曲线）等。

这类分析主要是指在底栖生物专用软件PRIMER中的一些处理功能，如 K–优势度曲线可用于多样性评价（图2–1）。此时图中的 X 轴是种类依密度重要性的相对种数（对数）排序，Y 轴是丰度优势度的累积百分比。显然，在该图中位于最下方的曲线代表多样性最高的群落；反之，最上方的曲线代表多样性最低的群落。

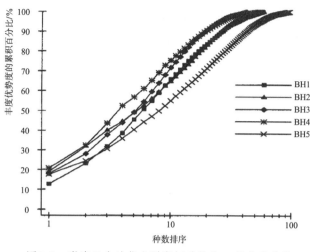

图2-1　渤海五个站位大型底栖动物的K-优势度曲线
（仿韩洁等，2003）

（三）多变量分析

多变量分析也称为多元统计分析，是统计学的一个重要分支学科，主要研究多个变量的集合之间的关系以及具有这些变量的个体之间的关系。到目前为止，有多种序列分析方法用于评价污染作用下底栖生物群落的变化，其中非参数多维排序（Multi-dimensional scaling，MDS）被认为是最有效的分析群落结构的方法，它能够较好地解释群落结构与多种环境因素的关系，通过比较各样品间物种的相似性状况，可以对污染的作用进行判定。与单变量分析和作图分析法对比，MDS具有以下优点：第一，MDS可以对多个区域的生物群落状况进行对比，而其他方法都难以做到；第二，MDS可以采用不同的变量指标，得到相同的响应模式；第三，环境变量，如污染物的浓度，可以与生物变量分析得到的模式相比较，从而对污染物和生物效应之间的关系进行分析。曹然（2017）在用大型底栖无脊椎动物群落的变化来监测水质污染时，比较了多变量分析、生物指数和多样性指数三种方法的优劣，认为多变量分析能清晰地揭示群落结构随污染梯度的变化情况，而多样性指数最不敏感。

孙国钧等（1998）用主成分分析和信息聚类分析，对白水江自然保护区与国内其他13个具有代表性的地区的种子植物区系进行了比较分析，将14个地区划分为五组，并证明这种分组可以客观地反映各区系间的差异。马藏允等（1997）运用MDS排序分析等多变量分析方法评价了大连潮间带大型底栖动物群落结构变化，结果表明，多变量分析方法正确揭示了由于污染梯度变化引起的群落结构梯度变化关系，并指出与生物多样性指数方法分析结果比较，多变量分析方法分析污染群落结构变化较敏感。Tagliapietra等（1998）在研究意大利威尼斯咸水湖一个浅富营养化区域的大型底栖动物群落结构变化时，对群落结构的变化运用单变量和多变量两类方法同时进行分析，结果显示，底栖动物群落结构与一种大型绿色藻类的季节演替密切相关，在藻类丰度不同的区域，各站位底栖动物群落结构和多样性差别十分显著。

第二节　潮间带大型底栖动物群落结构

一、物种组成及优势种

2016—2017年5个航次，在黄河三角洲潮间带共获得大型底栖动物119种，隶属于7门7纲23目60科89属。其中，环节动物多毛类29种，占总物种数的24.37%；甲壳动物35种，占29.41%；软体动物45种，占37.82%；鱼类7种，占5.88%；其他动物3种，占2.52%。物种组成存在明显的季节变化，其中，春季总物种数高于夏、秋两季；多毛类物种数季节变化明显，春、秋两季相对较多；软体动物、甲壳动物始终作为群落中的优势类群（图2-2）。

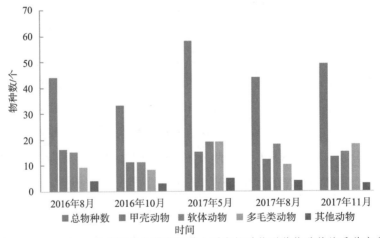

图2-2　2016—2017年黄河三角洲潮间带大型底栖动物群落物种数的季节变化

1. 物种组成

2016年8月共发现大型底栖动物44种。其中，甲壳动物16种，占物种数的36.36%；软体动物15种，占物种数的34.09%；多毛类动物9种，占物种数的20.46%；其他动物4种，占物种数的9.09%（图2-3）。

2016年10月共发现大型底栖动物33种。其中，甲壳动物11种，占物种数的33.33%；软体动物11种，占33.33%；多毛类动物8种，占24.25%；其他动物3种，占9.09%（图2-4）。

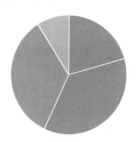

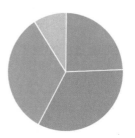

图2-3　2016年8月黄河三角洲潮间带
大型底栖动物物种组成

图2-4　2016年10月黄河三角洲潮间带
大型底栖动物物种组成

2017年5月共发现大型底栖动物58种。其中，甲壳动物15种，占物种数的25.86%；软体动物19种，占32.76%；多毛类动物19种，占32.76%；其他动物5种，占8.62%（图2-5）。

2017年8月共发现大型底栖动物44种。其中，甲壳动物12种，占物种数的27.27%；软体动物18种，占40.91%；多毛类动物10种，占22.73%；其他动物4种，占9.09%（图2-6）。

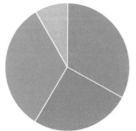

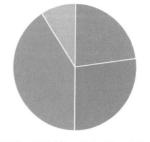

图2-5　2017年5月黄河三角洲潮间带
大型底栖动物物种组成

图2-6　2017年8月黄河三角洲潮间带
大型底栖动物物种组成

2017年11月共发现大型底栖动物49种。其中，甲壳动物13种，占物种数的26.53%；软体动物15种，占30.61%；多毛类动物18种，占36.74%；其他动物3种，占6.12%（图2-7）。

2. 优势种

2016—2017年，黄河三角洲潮间带共发现大型底栖动物12种，包括3种多毛类动物、4种甲壳动物、3种软体动物、2种鱼类。优势种存在明显的季节变化，按优势度大小排序：

图2-7　2017年11月黄河三角洲潮间带
大型底栖动物物种组成

2016年8月大型底栖动物优势种依次为光滑河蓝蛤、丝异须虫、日本刺沙蚕、日本大眼蟹等；2016年10月大型底栖动物优势种依次为丝异须虫、日本刺沙蚕、光滑河蓝蛤；2017年5月大型底栖动物优势种依次为日本刺沙蚕、光滑河蓝蛤、彩虹明樱蛤、丝异须虫；2017年8月优势种依次为薄荚蛏、朝鲜刺糠虾、弹涂鱼、秉氏泥蟹、浅古铜沙蚕、黄鳍刺虾虎鱼；2017年11月优势种依次为大蝛蠃蜚、彩虹明樱蛤、丝异须虫（表2-2）。

表2-2　黄河三角洲潮间带大型底栖动物优势种及优势度

优势种	2016年优势度		2017年优势度		
	8月	10月	5月	8月	11月
丝异须虫	0.056	0.074	0.035	—	0.066
日本刺沙蚕	0.030	0.043	0.190	—	—
浅古铜吻沙蚕	—	—	—	0.021	—
日本大眼蟹	0.029	—	—	—	—
秉氏泥蟹	—	—	—	0.024	—
朝鲜刺糠虾	—	—	—	0.048	—
大蝛蠃蜚	—	—	—	—	0.220
彩虹明樱蛤	—	—	0.064	—	0.120
光滑河蓝蛤	0.250	0.039	0.081	—	—
薄荚蛏	—	—	—	0.060	—
弹涂鱼	—	—	—	0.028	—
黄鳍刺虾虎鱼	—	—	—	0.020	—

二、生物量和丰度

黄河三角洲潮间带大型底栖动物生物量季节变化明显（图2-8），平均生物量最高值出现在2017年春季（36.81 g/m²），最低值出现在2016年秋季（7.88 g/m²）；各类群生物量季节波动明显，软体动物始终为优势类群，甲壳动物生物量在春、夏季贡献较大。

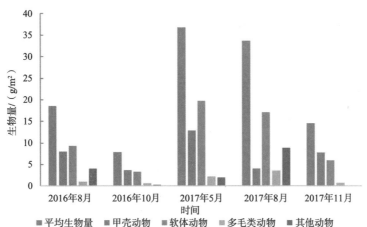

图2-8 2016—2017年黄河三角洲潮间带大型底栖动物群落生物量季节变化

2016—2017年五个调查航次，黄河三角洲潮间带大型底栖动物丰度季节变化明显（图2-9），平均丰度最高值出现在2017年秋季（36.81个/米²），最低值出现在2016年秋季（7.88个/米²）；各类群生物量季节波动明显，群落中甲壳动物贡献率逐渐增多，至2017年秋季成为绝对优势类群。

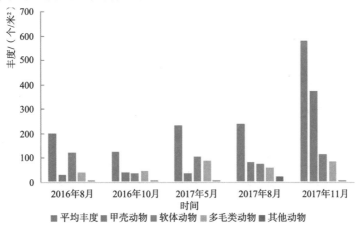

图2-9 2016—2017年黄河三角洲潮间带大型底栖动物群落丰度季节变化

1. 2016年8月

2016年8月黄河三角洲潮间带10个断面总平均丰度为（242.4±603.6）个/米²，其中，C1断面平均丰度最高为1 005个/米²，C4断面最低为15个/米²。在C1的低潮带出现了大量的光滑河蓝蛤；总平均生物量为（22.45±38.36）g/m²，C1断面平均生物量最高为66.87 g/m²，C4断面最低为0.24 g/m²（表2-3）。

表2-3 2016年8月黄河三角洲潮间带大型底栖动物各断面
丰度（个/米²）和生物量（g/m²）

断面	多毛类		甲壳动物		软体动物		其他		总计	
	丰度	生物量	丰度	生物量	丰度	生物量	丰度	生物量	丰度	生物量
C1	1.7	0.03	8.3	11.50	985.0	55.28	10.0	0.08	1 005.0	66.87
C3	5.0	0.25	20.0	2.44	5.0	0.14	0	0	30.0	2.82
C4	10.0	0.18	0	0	5.0	0.07	0	0	15.0	0.24
C5	1.7	0.002	5.0	1.60	5.0	0.82	1.7	0.03	13.3	2.45
C6	67.5	0.43	77.5	25.67	0	0	12.5	0.19	157.5	26.28
C7	8.3	0.02	10.0	3.56	96.7	11.82	1.7	0.03	116.7	15.43
C8	17.5	0.09	35.0	3.03	5.0	0.31	0	0	57.5	3.43
C9	260.0	5.69	80.0	13.24	30.0	20.83	18.3	0.35	388.3	40.11
C10	93.3	2.84	11.7	18.38	28.3	3.00	5.0	0.37	138.3	24.59
C11	20.0	0.80	25.0	0.70	35.0	1.08	5.0	0.07	85.0	2.65

2016年8月调查区域大型底栖动物丰度总体表现为低潮带>中潮带>高潮带。高潮带生物平均丰度为112.1个/米²；中潮带生物平均丰度为138.75个/米²；低潮带生物平均丰度为460个/米²。各站位丰度变化范围为5~2 920个/米²，其中C5-2丰度最低为5个/米²，C1-3丰度最高为2 920个/米²，该站位出现大量的光滑河蓝蛤。

2016年8月调查区域大型底栖动物生物量与丰度变化一致，总体表现为低潮带>中潮带>高潮带。高潮带生物平均生物量为12.28 g/m²；中潮带生物平均生物量为12.73 g/m²；低潮带生物平均生物量为41.06 g/m²。各站位生物量变化范围为0.24~180.35 g/m²，其中C4-3生物量最低为0.24 g/m²，C1-3生物量最高为180.35 g/m²。

2. 2016年10月

2016年10月黄河三角洲潮间带11个断面总平均丰度为（128±202.05）个/米²，C6断面的平均丰度最高，C4断面最低。总平均生物量为（8.11±14.43）g/m²，其中C6断面的平均生物量最高为32.72 g/m²，C3断面生物量最低为0.075 g/m²（表2-4）。

表2-4 2016年10月黄河三角洲潮间带大型底栖动物各断面
丰度（个/米²）和生物量（g/m²）

断面	多毛类		甲壳动物		软体动物		其他		总计	
	丰度	生物量	丰度	生物量	丰度	生物量	丰度	生物量	丰度	生物量
C1	1.7	0.003	3.3	0.14	95.0	6.55	16.7	2.17	116.7	8.86
C2	125.0	2.11	25.0	7.06	15.0	0.10	5.0	0.29	170.0	9.55
C3	11.7	0.03	1.7	0.02	3.3	0.02	1.7	0.02	18.3	0.08
C4	5.0	0.28	7.5	6.00	0	0	0	0	12.5	6.27
C5	11.7	0.23	5.0	1.08	6.7	2.10	3.3	0.003	26.7	3.42
C6	65.0	0.23	85.0	15.80	211.7	16.68	0	0	361.7	32.72
C7	6.7	0.005	6.7	6.55	3.3	0.04	0	0	16.7	6.60
C8	8.3	0.02	20.0	2.46	5.0	4.86	5.0	0.02	38.3	7.36
C9	165.0	0.47	36.7	0.72	8.3	0.53	1.7	0.002	211.7	1.72
C10	95.0	3.33	210.0	0.59	36.7	4.69	15.0	0.66	356.7	9.26
C11	0	0.005	10.0	0.02	7.5	0.77	0	0	17.5	0.79

2016年10月调查区域大型底栖动物丰度总体表现为低潮带>高潮带>中潮带。高潮带生物平均丰度为146.67个/米²；中潮带生物平均丰度为80.91个/米²；低潮带生物平均丰度为163个/米²。各站位丰度变化范围为5～850个/米²，其中C4-2、C6-2、C7-1、C8-1、C11-2丰度最低为5个/米²，C6-3丰度最高为850个/米²。

2016年10月调查区域大型底栖动物生物量总体表现为低潮带>中潮带>高潮带。高潮带生物平均生物量为5.49 g/m²；中潮带生物平均生物量为6.31 g/m²；低潮带生物平均生物量为12.45 g/m²。各站位生物量变化范围为0.015～74.14 g/m²，其中C11-2生物量最低为0.015 g/m²，C6-3生物量最高为74.14 g/m²。

3. 2017年5月

2017年5月黄河三角洲潮间带11个断面总平均丰度为（238.9±253.9）个/米²，

C9断面平均丰度最高为595个/米^2，C7断面最低为62.5个/米^2。总平均生物量为（37.82±64.11）g/m^2，其中C9断面平均生物量最高为119.40 g/m^2，C10断面最低为1.94 g/m^2（表2-5）。

表2-5 2017年5月黄河三角洲潮间带大型底栖动物各断面
生物量（g/m^2）和丰度（个/米^2）

断面	多毛类		甲壳动物		软体动物		其他		总计	
	丰度	生物量	丰度	生物量	丰度	生物量	丰度	生物量	丰度	生物量
C1	58.3	2.84	88.3	29.19	10.0	0.08	1.7	0.02	158.3	32.13
C2	118.3	2.22	153.3	38.99	65.0	6.50	0	0	336.7	47.71
C3	35.0	2.61	28.3	27.29	1.7	0.07	5.0	0.96	70.0	30.93
C4	248.3	0.72	5.0	18.00	6.7	13.13	1.7	20.07	261.7	51.92
C5	143.3	0.76	28.3	0.65	10.0	0.07	1.7	0.15	183.3	1.62
C6	25.0	0.71	50.0	6.85	113.3	3.22	13.3	0.37	201.7	11.14
C7	30.0	2.72	7.5	0.41	5.0	1.3	20.0	0.18	62.5	4.58
C8	88.3	8.32	8.3	14.59	51.7	7.07	5.0	0.54	153.3	30.51
C9	66.7	2.14	28.3	4.89	500.0	112.37	0	0	595.0	119.40
C10	116.7	0.45	8.3	0.15	20.0	1.32	0	0.02	145.0	1.94
C11	33.3	0.54	0	0	368.3	72.54	0	0	401.7	73.08

2017年5月调查区域大型底栖动物丰度总体表现为中潮带>低潮带>高潮带，呈现此规律的主要原因是在C9-2站位出现了大量的光滑河蓝蛤。高潮带生物平均丰度为158.18个/米^2；中潮带生物平均丰度为307个/米^2；低潮带生物平均丰度为257.72个/米^2。各站位丰度变化范围为10～1 095个/米^2，其中C4-1、C1-2丰度最低为10个/米^2，C9-2丰度最高为1 095个/米^2。

2017年5月调查区域大型底栖动物生物量总体表现为低潮带>中潮带>高潮带。高潮带生物平均生物量为20.87 g/m^2；中潮带生物平均生物量为39.55 g/m^2；低潮带生物平均生物量为53.20 g/m^2。各站位生物量变化范围为0.11～335.20 g/m^2，其中C5-2生物量最低为0.11 g/m^2，C6-3生物量最高为335.20 g/m^2。

4. 2017年8月

2017年8月黄河三角洲潮间带11个断面总平均丰度为（229.5±334.4）个/米^2，C11断面平均丰度最高为982.5个/米^2，C6断面最低为5个/米^2。总平均生物量为（30.37±63.35）g/m^2，其中C11断面平均生物量最高为187.91 g/m^2，C6断面最低为1.56 g/m^2（表2-6）。

表2-6 2017年8月黄河三角洲潮间带大型底栖动物各断面
生物量（g/m^2）和丰度（个/米^2）

断面	多毛类		甲壳动物		软体动物		其他		总计	
	丰度	生物量	丰度	生物量	丰度	生物量	丰度	生物量	丰度	生物量
C1	18.3	1.93	55.0	2.12	153.3	3.36	13.3	5.37	240.0	12.78
C2	275.0	1.13	335.0	12.95	68.3	6.83	76.7	23.61	755.0	44.52
C3	0	0	0	0	5.0	0.18	27.5	7.93	32.5	8.10
C4	0	0	8.3	1.49	1.7	0.11	10.0	6.43	20.0	8.02
C5	0	0	30.0	0.48	1.7	0.18	13.3	0.57	45.0	1.22
C6	2.5	1.43	0	0	0	0	2.5	0.13	5.0	1.56
C7	3.3	0.12	0	0	11.7	0.002	10.0	12.11	25.0	12.23
C8	0	0	3.3	0.06	165.0	1.31	36.7	10.62	205.0	11.99
C9	36.7	1.26	48.3	6.44	161.7	41.02	43.3	24.76	290.0	73.52
C10	5.0	0.98	6.7	0.04	6.7	0.04	16.7	6.62	35.0	7.68
C11	315.0	31.76	422.5	20.95	237.5	135.17	7.5	0.04	982.5	187.91

2017年8月调查区域大型底栖动物丰度总体表现为高潮带>低潮带>中潮带。呈现此变化的主要原因是在C11-1站位出现了大量的朝鲜刺糠虾。高潮带生物平均丰度为249.5个/米^2；中潮带生物平均丰度为202个/米^2；低潮带生物平均丰度为237个/米^2。各站位丰度变化范围为5～1 325个/米^2，其中C4-2、C6-2、C6-3、C7-2丰度最低为5个/米^2，C11-1丰度最高为1 325个/米^2。

2017年8月调查区域大型底栖动物生物量总体表现为高潮带>低潮带>中潮带。高潮带生物平均生物量为34.73 g/m²；中潮带生物平均生物量为10.75 g/m²；低潮带生物平均生物量为45.62 g/m²。各站位生物量变化范围为0.25～307.65 g/m²，其中C6-3生物量最低为0.25 g/m²，C11-3丰度最高为307.65 g/m²。

5. 2017年11月

2017年11月黄河三角洲潮间带11个断面总平均丰度为（605.9±934.4）个/米²，C2断面平均丰度最高为2 923个/米²，C10断面最低为105个/米²。总平均生物量为（14.95±22.13）g/m²，其中C11断面平均生物量最高为53.69 g/m²，C10断面最低为0.99 g/m²（表2-7）。

表2-7　2017年11月黄河三角洲潮间带大型底栖动物各断面
生物量（g/m²）和丰度（个/米²）

断面	多毛类		甲壳动物		软体动物		其他		总计	
	丰度	生物量	丰度	生物量	丰度	生物量	丰度	生物量	丰度	生物量
C1	81.7	0.37	35.0	0.73	6.7	1.83	1.7	0.25	125.0	3.18
C2	5.0	0.06	2 926.7	52.43	3.3	0.32	0	0	2 935.0	52.80
C3	20.0	1.78	760.0	8.22	75.0	0.67	1.7	0.03	856.7	10.70
C4	73.3	1.13	213.3	14.96	230.0	2.29	8.3	0.16	525.0	18.53
C5	198.3	1.46	16.7	0.77	266.7	2.04	1.7	0.07	483.3	4.34
C6	55.0	0.10	5.0	0.09	36.7	4.02	0	0	96.7	4.20
C7	16.7	0.48	91.7	5.77	3.3	0.81	1.7	0.03	113.3	7.09
C8	192.5	0.55	30.0	1.74	17.5	0.56	2.5	0.02	242.5	2.86
C9	218.3	0.90	1.7	0.11	16.7	0.25	41.7	0.15	278.3	1.42
C10	70.0	0.59	35.0	0.41	0	0	0	0	105.0	0.99
C11	3.3	0.64	1.7	0.09	611.7	52.96	0	0	616.7	53.69

2017年11月调查区域大型底栖动物丰度总体表现为低潮带>高潮带>中潮带，呈现此规律的原因主要是C2-1、C3-1中出现了大量的大蝛蠃蜚。高潮带生物平均丰度为

616个/米^2；中潮带生物平均丰度为517.27个/米^2；低潮带生物平均丰度为634.55个/米^2。各站位丰度变化范围为20～4 175个/米^2，其中C7–2丰度最低为20个/米^2，C2–3丰度最高为4 175个/米^2。

2017年11月调查区域大型底栖动物生物量总体表现为低潮带>高潮带>中潮带。高潮带生物平均生物量为15.75 g/m^2；中潮带生物平均生物量为8.47 g/m^2；低潮带生物平均生物量为20.70 g/m^2。各站位生物量变化范围为0.17～90.89 g/m^2，其中C7–2生物量最低为0.17 g/m^2，C11–3丰度最高为90.89 g/m^2。

三、生物多样性

1. 2016年8月

2016年8月调查区域大型底栖动物物种丰富度指数d变化范围为0～1.85，平均值为0.89±0.59，最大值位于C6的高潮带和C9的中潮带，最小值位于C5和C8的中潮带以及C7的高潮带；物种均匀度指数J'变化范围在0.42～1.0，平均值为0.77±0.25，最大值位于C3的低潮带和C5的高潮带，最小值位于C7的低潮带和C9的中潮带；Shannon–Wiener多样性指数H'变化范围在0～2.12，平均值为1.04±0.64，最大值位于C6的高潮带，最小值位于C5和C8的中潮带以及C7的高潮带（图2–10）。

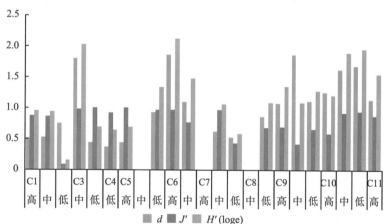

d：物种丰富度指数；J'：均匀度指数；H'：Shannon–Wiener指数；"高"代表高潮带，"低"代表低潮带，"中"代表中潮带。

图2–10 2016年8月黄河三角洲潮间带大型底栖动物物种多样性指数

2. 2016年10月

2016年10月调查区域大型底栖动物物种丰富度指数d变化范围为0～1.61，平均值为0.61±0.52，最大值位于C10的高潮带，最小值位于C1、C7、C8的高潮带和C3、C4、C6、C7、C11的中潮带以及C3的低潮带；物种均匀度指数J'变化范围在

0.42～0.95，平均值为0.77±0.19，最大值位于C4、C5、C8的低潮带，最小值位于C10的中潮带；Shannon–Wiener多样性指数H'变化范围为0～1.80，平均值为0.75±0.56，最大值位于C10的高潮带，最小值位于C1、C7、C8的高潮带和C3、C4、C6、C7、C11的中潮带以及C3的低潮带（图2–11）。

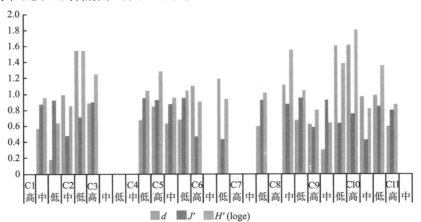

d：物种丰富度指数；J'：均匀度指数；H'：Shannon–Wiener指数；
"高"代表高潮带，"低"代表低潮带，"中"代表中潮带。
图2–11　2016年10月黄河三角洲潮间带大型底栖动物物种多样性指数

3. 2017年5月

2017年5月调查区域大型底栖动物物种丰富度指数d变化范围为0.26～2.04，平均值为0.92±0.40，最大值位于C2的高潮带，最小值位于C5的中潮带；物种均匀度指数J'变化范围为0.27～1，平均值为0.73±0.21，最大值位于C4的高潮带和中潮带，最小值位于C5的高潮带；Shannon–Wiener多样性指数H'变化范围为0.30～2.28，平均值为1.17±0.46，最大值位于C2的高潮带，最小值位于C5的高潮带（图2–12）。

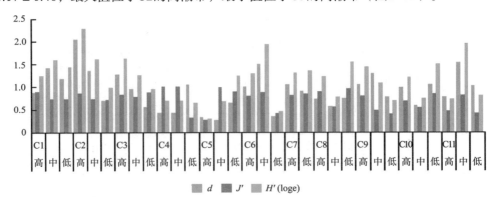

d：物种丰富度指数；J'：均匀度指数；H'：Shannon–Wiener指数；
"高"代表高潮带，"低"代表低潮带，"中"代表中潮带。
图2–12　2017年5月黄河三角洲潮间带大型底栖动物物种多样性指数

4. 2017年8月

2017年8月调查区域大型底栖动物物种丰富度指数d变化范围为0～1.77，平均值为0.80±0.51，最大值位于C2的高潮带；物种均匀度指数J'变化范围为0.23～1，平均值为0.75±0.20，最大值位于C3、C4的高潮带和C5低潮带，最小值位于C2的低潮带；Shannon-Wiener多样性指数H'变化范围为0～1.82，平均值为0.97±0.52，最大值位于C2的高潮带，最小值位于C4、C6、C7的中潮带和C6的低潮带（图2-13）。

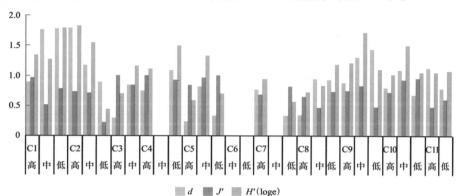

d：物种丰富度指数；J'：均匀度指数；H'：Shannon-Wiener指数；
"高"代表高潮带，"低"代表低潮带，"中"代表中潮带。
图2-13　2017年8月黄河三角洲潮间带大型底栖动物物种多样性指数

5. 2017年11月

2017年11月调查区域大型底栖动物物种丰富度指数d变化范围为0.16～2.01，平均值为0.80±0.47，最大值位于C3的低潮带，最小值位于C11的低潮带；物种均匀度指数J'变化范围为0.04～0.98，平均值为0.60±0.27，最大值位于C6的低潮带，最小值位于C2的低潮带；Shannon-Wiener多样性指数H'变化范围为0.07～1.88，平均值为0.91±0.49，最大值位于C5的高潮带，最小值位于C2的低潮带（图2-14）。

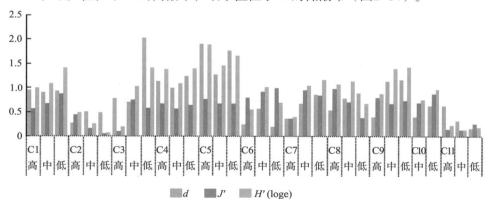

d：物种丰富度指数；J'：均匀度指数；H'：Shannon-Wiener指数；
"高"代表高潮带，"低"代表低潮带，"中"代表中潮带。
图2-14　2017年11月黄河三角洲潮间带大型底栖动物物种多样性指数

四、生物群落结构（聚类分析和非参数多维标度排序分析）

1. 2016年8月

对黄河三角洲大型底栖动物丰度数据进行聚类分析和非参数性多维标度排序分析（MDS分析）。按照20%的相似性标准划分，可将大型底栖动物群落划分为四个类群。群落Ⅰ仅包含C5-2站位；群落Ⅱ包含C1-2、C1-3、C5-3、C7-3，相似性为25.03%，表征种为光滑河蓝蛤（贡献率为91.56%）；群落Ⅲ包含C3-3、C4-3、C5-1、C8-2，相似性为56.88%，表征种为日本刺沙蚕（贡献率为100%）；群落Ⅳ包含其余14个站位，相似性为29.72%，表征种为日本大眼蟹（贡献率为37.64%）、日本刺沙蚕（贡献率为22.38%）、丝异须虫（贡献率为10.91%）（图2-15，图2-16）。

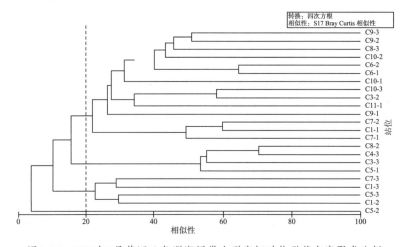

图2-15　2016年8月黄河三角洲潮间带大型底栖动物群落丰度聚类分析

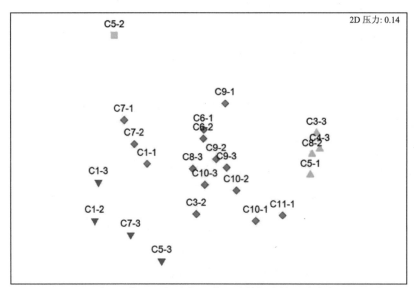

图2-16　2016年8月黄河三角洲潮间带大型底栖动物群落丰度MDS分析

2. 2016年10月

按照20%的相似性标准划分，可将黄河三角洲潮间带大型底栖动物群落划分为八个类群。群落Ⅰ仅包含C7-1站位；群落Ⅱ仅包含C1-3站位；群落Ⅲ仅包含C11-1站位；群落Ⅳ仅包含C1-1站位；群落Ⅴ包含C6-1、C6-3、C8-2、C8-3、C9-3，表征种为日本大眼蟹（贡献率为56.46%）、纽虫（贡献率为13.66%）、丝异须虫（贡献率为13.52%）；群落Ⅵ包含C3-2、C11-2站位，表征种为琵琶拟沼螺（贡献率为100%）；群落Ⅶ包含C3-3、C7-3、C8-1站位，表征种为丝异须虫（贡献率为100%）；群落Ⅷ包含剩余16个站位，表征种为日本刺沙蚕（贡献率为38.60%）、沈氏厚蟹（贡献率为38.07%）、丝异须虫（贡献率为11.83%）（图2-17，图2-18）。

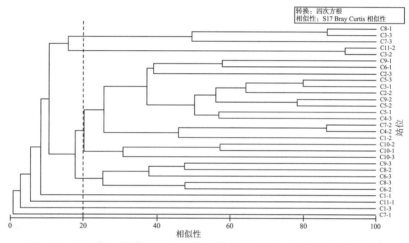

图2-17　2016年10月黄河三角洲潮间带大型底栖动物群落丰度聚类分析

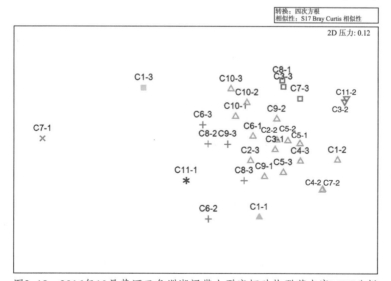

图2-18　2016年10月黄河三角洲潮间带大型底栖动物群落丰度MDS分析

3. 2017年5月

按照20%的相似性标准划分，可将黄河三角洲潮间带大型底栖动物群落划分为四个类群。群落Ⅰ仅包含C4-1站位；群落Ⅱ仅包含C4-2站位；群落Ⅲ包含C9-3、C11-2、C11-3站位，相似性为40.36%，表征种为彩虹明樱蛤（贡献率为44.03%）、四角蛤蜊（贡献率为21.68%）、光滑河蓝蛤（贡献率为10.20%）；群落Ⅳ包含其余26个站位，相似性为28.47%，表征种为日本刺沙蚕（贡献率为47.53%）、丝异须虫（贡献率为12.99%）、日本大眼蟹（贡献率为8.53%）（图2-19，图2-20）。

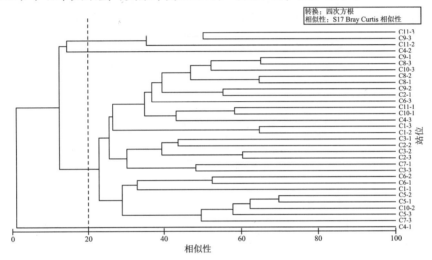

图2-19　2017年5月黄河三角洲潮间带大型底栖动物群落丰度聚类分析

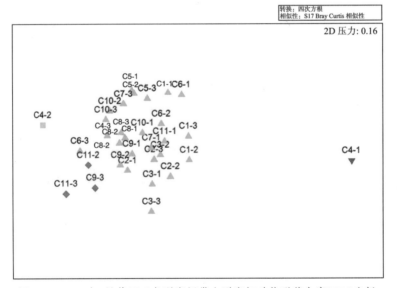

图2-20　2017年5月黄河三角洲潮间带大型底栖动物群落丰度MDS分析

4. 2017年8月

按照20%的相似性标准划分，可将黄河三角洲潮间带大型底栖动物群落划分为四个类群。群落Ⅰ仅包含C11-3站位；群落Ⅱ包含C1-1、C1-2、C1-3、C2-1、C2-2、C2-3、C9-2站位，相似性为32.86%表征种为朝鲜刺糠虾（贡献率为25.56%）、秉氏泥蟹（贡献率为19.61%）、薄荚蛏（贡献率为13.94%）、黄鳍刺虾虎鱼（贡献率为12.89%）；群落Ⅲ包含C6-2、C9-1、C10-1、C11-1站位，相似性为30.86%，表征种为渤海格鳞虫（贡献率为61.09%）、弹涂鱼（贡献率为28.67%）；群落Ⅳ包含其余18个站位，相似性为31.07%，表征种为弹涂鱼（贡献率为47.72%）、黄鳍刺虾虎鱼（贡献率为26.72%）、狭颚绒螯蟹（贡献率为12.83%）（图2-21，图2-22）。

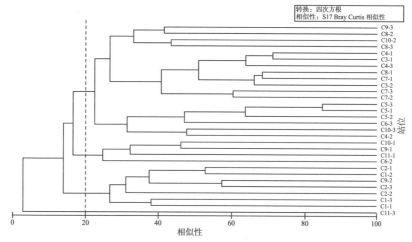

图2-21　2017年8月黄河三角洲潮间带大型底栖动物群落丰度聚类分析

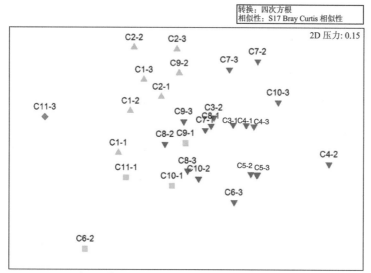

图2-22　2017年8月黄河三角洲潮间带大型底栖动物群落丰度MDS分析

5. 2017年11月

按照20%的相似性标准划分，可将黄河三角洲潮间带大型底栖动物群落划分为三个类群。群落 I 包含C11-1、C11-2、C11-3站位，相似性为55.83%，表征种为彩虹明樱蛤（贡献率为100%）；群落 II 包含C2-1、C2-2、C2-3、C3-1站位，相似性为59.97%，表征种为大蝼蛄虾（贡献率为72.77%）、锯脚泥蟹（贡献率为11.09%）；群落 III 包含其余25个站位，相似性为34.52%，表征种为丝异须虫（贡献率为40.41%）、彩虹明樱蛤（贡献率为18.73%）、日本大眼蟹（贡献率为14.37%）、日本刺沙蚕（贡献率为12.14%）（图2-23，图2-24）。

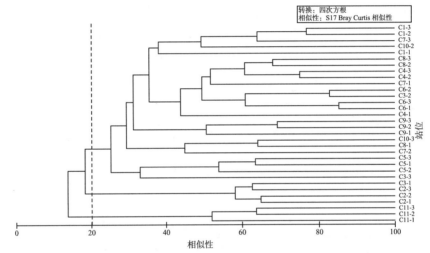

图2-23　2017年11月黄河三角洲潮间带大型底栖动物群落丰度聚类分析

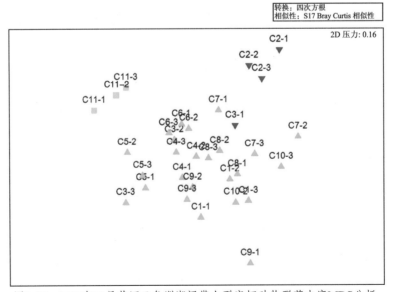

图2-24　2017年11月黄河三角洲潮间带大型底栖动物群落丰度MDS分析

第三节　潮间带大型底栖动物群落长周期演替

气候变化和人类活动引起的河口和海岸带生态系统的演变与退化在全球已成为非常普遍的现象。大型底栖动物是海洋生态系统能量流动和物质循环的重要组成部分，且其群落结构的长周期变化能够客观地反映海洋环境的特点和环境质量状况，是生态系统健康的重要指示生物，其群落结构特征常被用于监测人类活动或自然因素引起的长周期海洋生态系统变化（Wildsmith et al.，2011；Thompson et al.，2004；Li et al.，2013；Leonard et al.，2006）。对底栖动物群落结构进行长周期变化和趋势的研究，已在不同海域开展了较多的工作，并取得了较好的成果（Dauer et al.，1995；Dolbeth et al.，2011；Gremare et al.，1998；Labrune et al.，2007；Service et al.，1992；Varfolomeeva et al.，2013）。

黄河口滨海湿地的底栖动物主要生活在潮间带和滩涂地区，它们的生长状况经常受到潮间带底质、温度和水质等外界综合因子的影响。黄河三角洲及其沿岸河流径流数目繁多，为黄河口海域输送了大量的营养物质，面积广阔的潮间带为各种底栖动物的生长和繁殖创造了良好的栖息环境。然而随着时间的推移，不同年份以及不同季节潮间带底栖动物的数量和种类产生了差异。为便于比较，主要利用黄河三角洲潮间带的历史数据，对黄河三角洲不同区域底栖动物的物种组成、物种分布和物种多样性进行对比分析。

一、物种组成及优势种

1. 物种组成变化

自20世纪90年代末至2017年近20年内，黄河三角洲潮间带大型底栖动物的物种数年际变化明显（表2-8，图2-25）。按照底栖动物物种数目的年际变化特征，大体可以分为两个阶段：第一阶段即20世纪90年代，物种数量较高（在1996年的研究中，在黄河三角洲潮间带设置了57条断面数，每条断面的高、中、低潮区各设置2、3、2个调查站位，站位数较多，采集涵盖的底栖动物种类较广），但1997～2005年缺乏数据支持，变动趋势不明；第二阶段即2005—2010年，该阶段总物种数较1996年减少较为明显，维持较低的水平，为1996年的1/5～1/3。同时，群落中的优势类群在近20年来也呈现明显的变动过程。在第一阶段，群落中优势类群为个体较大的经济型甲壳动物和软体动物，多毛类物种数虽较前两者少但物种数也较为多样。第二阶段前期，群落中的优势类群在2005年为多毛类，数量上升较为明显，其次为软体动物和甲壳动物；2008年，软体动物和甲壳动物物种数上升，多毛类物种数下降；第二阶段后期，群落中的多毛类、软体动物和甲壳动物的物种数基本保持相同水平，优势地位均不凸显。2016年和2017年，群落总种数趋于稳定态势，增减幅度范围较小。但随着时间的推移，从整体趋势上来看，多毛类种数增多而甲壳动物物种数降低，这也从一定程度上反映了多毛类增多的小型化趋势。

表2-8　黄河三角洲潮间带大型底栖动物物种数的年际变动　单位：种

调查时间	站点数/个	总种数	多毛类	软体动物	节肢动物	其他	参考文献
1996年4—11月	57	193	40	55	72	26	蔡学军等，2000
2005年8月	—	57	23	24	14	3	刘志杰，2013
2006年5、9月	12	41	8	9	23	1	郑莉，2007
2008年5、8月	15	65	12	26	22	5	王志忠等，2008
2009年5、8月	14	35	11	7	16	1	董贯仓等，2012
2010年5、8月	21	33	4	16	9	3	董贯仓等，2012
2012年7、10月	24	24	—	—	—	—	李珊泽等，2015
2016年8月	33	44	9	15	16	4	
2016年10月	33	33	8	11	11	4	
2017年5月	33	58	19	19	15	5	
2017年8月	33	44	10	18	12	4	
2017年11月	33	49	18	15	13	3	

注："—"为无调查数据。

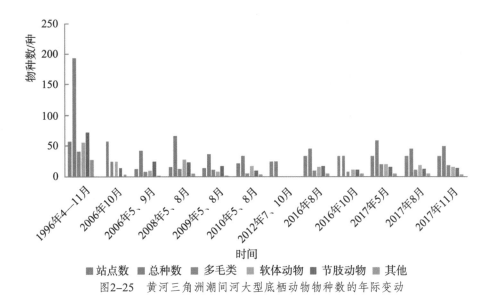

图2-25　黄河三角洲潮间河大型底栖动物物种数的年际变动

2. 优势种的变化

除了总物种数存在明显的年际间波动外，黄河三角洲潮间带大型底栖动物群落中的优势种也发生了明显变化（表2-9）。总体表现为自20世纪90年代末至今，优势种的小型化趋势明显，即小个体的多毛类、双壳类和甲壳动物取代了大个体的甲壳动物和软体动物经济类群。1996年，该海区的生物量很高，群落内优势种多为较大型的甲壳动物如日本大眼蟹、天津厚蟹、豆形拳蟹，其他双壳类和多毛类，如文蛤、缢蛏也占据优势地位；2005—2008年，穴居型的双壳类在数量和生物量上均占明显优势，形成以光滑河蓝蛤和四角蛤蜊为优势种的群落。2009年，该海区优势种被个体较小的摇蚊幼虫、霍甫水丝蚓及多毛类日本刺沙蚕等代替。到2010年，多毛类日本刺沙蚕等仍占据优势地位，但同时光滑河蓝蛤、彩虹明樱蛤、四角蛤蜊等双壳类物种的优势地位又有所回升。2016年和2017年，在每个调查月份，小型丝异须虫和多毛类日本刺沙蚕都为优势种，且在2017年大蝛赢蜚和小型双壳类彩虹明樱蛤也成为优势种且优势度指数较大，对比20世纪90年代的个体较大的优势种来说，小型优势种取代大型优势种。这也从一定程度上反映了黄河三角洲潮间带底栖动物资源小型化和低值化的变化趋势。

表2-9 黄河三角洲潮间带大型底栖动物优势种的年际变动

调查时间	优势种	优势度	参考文献
1996年4—11月	文蛤 *Meertrix meretrix*	—	蔡学军等，2000
	缢蛏 *Sinonovacula constrica*	—	
	四角蛤蜊 *Mactra quadrangularis*	—	
	光滑河蓝蛤 *Potamocorbula laevis*	—	
	彩虹明樱蛤 *Iridona iridescens*	—	
	托氏蜎螺 *Umbonium thomasi*	—	
	日本大眼蟹 *Microphthalmus japonicus*	—	
	天津厚蟹 *Helice tientsinensis*	—	
	豆形拳蟹 *Pyrhila pisum*	—	
	双齿围沙蚕 *Perinereis aibuhitensis*	—	
	日本刺沙蚕 *Hediste japonica*	—	
	齿吻沙蚕 *Nephtys*	—	
2005年8月	光滑河蓝蛤 *Potamocorbula laevis*	0.230	刘志杰，2013
	四角蛤蜊 *Mactra quadrangularis*	0.043	
	彩虹明樱蛤 *Iridona iridescens*	0.033	
	寡节甘吻沙蚕 *Glycinde gurjanovae*	0.021	
2006年5、9月	光滑河蓝蛤 *Potamocorbula laevis*	—	郑莉，2007
2008年5、8月	四角蛤蜊 *Mactra quadrangularis*	—	王志忠等，2008
	泥螺 *Bullacta cauring*	—	
2009年5、8月	摇蚊幼虫 Chironomidae	—	董贯仓等，2012
	霍甫水丝蚓 *Limnodrilus hoffmeisteri*	—	
	双齿围沙蚕 *Perinereis aibuhitensis*	—	
	日本刺沙蚕 *Hediste japonica*	—	
	藻钩虾 *Ampithoe lacertosa*	—	
	拟沼螺 *Assiminea* sp.	—	
	光滑河蓝蛤 *Potamocorbula laevis*	0.332	
	彩虹明樱蛤 *Iridona iridescens*	0.064	

续表

调查时间	优势种	优势度	参考文献
2009年5、8月	泥螺 *Bullacta caurina*	0.045	董贯仓等, 2012
	托氏蜎螺 *Umbonium thomasi*	0.043	
	短文蛤 *Meretrix pethechialis*	0.043	
	拟沼螺 *Assiminea* sp.	0.026	
	双齿围沙蚕 *Perinereis aibuhitensis*	0.025	
	日本刺沙蚕 *Hediste japonica*	0.025	
	四角蛤蜊 *Mactra quadrangularis*	0.023	
2016年8月	丝异须虫 *Heteromastus filiformis*	0.056	
	日本刺沙蚕 *Hediste japonica*	0.030	
	日本大眼蟹 *Microphthalmu japonicus*	0.029	
	光滑河蓝蛤 *Potamocorbula laevis*	0.250	
2016年10月	丝异须虫 *Heteromastus filiformis*	0.074	
	日本刺沙蚕 *Hediste japonica*	0.043	
	光滑河蓝蛤 *Potamocorbula laevis*	0.039	
2017年5月	日本刺沙蚕 *Hediste japonica*	0.190	
	光滑河蓝蛤 *Potamocorbula laevis*	0.081	
	彩虹明樱蛤 *Iridona iridescens*	0.064	
	丝异须虫 *Heteromastus filiformis*	0.035	
2017年8月	薄荚蛏 *Siliqua pulchella*	0.060	
	朝鲜刺糠虾 *Orientomysis koreana*	0.048	
	弹涂鱼 *Periophthalmus modestus*	0.028	
	秉氏泥蟹 *Ilyoplax pingi*	0.024	
	浅古铜吻沙蚕 *Glycera subaenea*	0.021	
	黄鳍刺虾虎鱼 *Acanthogobius flavimanus*	0.020	
2017年11月	大螺赢蜚 *Corophium major*	0.220	
	彩虹明樱蛤 *Iridona iridescens*	0.120	
	丝异须虫 *Heteromastus filiformis*	0.066	

注: "—"为无调查数据。

二、生物量和丰度

1. 生物量的变化

黄河三角洲潮间带近20年来生物量的年际变化因为个别年份的数值异常波动，年际间变动趋势不如物种数量的年际变化明显，但仍可以划分为三个阶段（表2-10，图2-26）。第一阶段，2006年之前，黄河三角洲潮间带底栖动物群落生物量数值较高，结合同期的丰度数值情况，可以推断该阶段的大型底栖动物群落以个体较大、生活史较长的四角蛤蜊等优势种为主，并且从生物量数值上可看出其中甲壳动物和软体动物占据绝对优势；第二阶段，2006—2009年，三年间生物量呈现出低—高—低的趋势，但总体生物量还是低于1996年的平均数值；第三阶段，2010年生物量升高较为显著，可能是由于2010年调查的潮间带为新生湿地，环境破坏和人为干扰较少，所以潮间带底栖生物群落更为健康和稳定。但排除2010年来看，随着时间的推移，生物量又呈现减少的趋势。因此，黄河三角洲潮间带近20年来生物量总体呈现先升高、后降低的趋势。

表2-10　黄河三角洲潮间带大型底栖动物生物量的年际变动　单位：g/m^2

调查时间	总生物量	多毛类	软体动物	甲壳动物	其他	参考文献
1996年8月	190.00	0.60	172.70	11.20	5.50	蔡学军等，2000
2005年8月	120.90	—	—	—	—	刘志杰，2013
2006年8月	7.73	—	—	—	—	郑莉，2007
2008年8月	232.78	—	—	—	—	王志忠等，2008
2009年8月	4.29	1.84	1.33	6.19	2.93	董贯仓等，2012
2010年8月	200.00	—	—	—	—	董贯仓等，2012
2012年8月	15.13	—	—	—	—	李珊泽等，2015
2016年8月	18.49	1.03	9.33	8.01	0.11	
2017年8月	18.16	0.76	5.30	2.35	9.81	

注："—"为无调查数据。

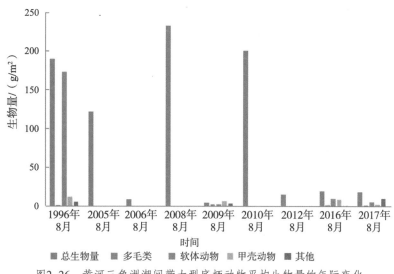

图2-26 黄河三角洲潮间带大型底栖动物平均生物量的年际变化

该阶段生物量的年际变化，与经济种类资源量的捕捞强度以及环境的破坏存在明显的相关性。1996年数据显示，文蛤、缢蛏、四角蛤蜊、日本大眼蟹、天津厚蟹等重要经济软体动物和甲壳动物，资源量均较高，其生物量在群落中占较高的比例，但随着人类对潮间带干扰加大，以及种群补充的不足，其资源量自2005年后数据显示逐渐减少。2010年在破坏程度较小的新生潮间带发现泥螺、拟沼螺、四角蛤蜊等物种，表明环境破坏对潮间带物种和生物量存在较大影响。2016年生物量较2012年稍有增加但又迅速降低，2017年生物量也随着年内时间的推移呈降低趋势，可能与季节性因素有关，春、夏季节生物繁殖数量增多，而冬季温度降低，生物量降低。相较于20世纪90年代来说，生物量总体降低趋势较明显。

2. 丰度的变化

黄河三角洲潮间带大型底栖动物丰度年际变化，与物种数和生物量的变化趋势不相同，年际间波动较小且呈现上升趋势，并且群落中主要类群所占的比例发生了明显的变化（表2-11，图2-27）。一方面，由于2006年之前数据缺乏，只有总丰度数据，我们可以看出黄河三角洲潮间带底栖动物丰度呈现上升趋势。另一方面，2008年群落中对丰度贡献率较大的是经济型软体动物，其次为多毛类，甲壳动物所占比例极低。至2009年之后，丰度逐年急剧减少，且群落中的多毛类成为群落丰度的主要贡献类群，其次是甲壳动物和软体动物，这可能与湿地环境破坏和人类活动相关。2016年和2017年生物丰度先降低后升高，且多毛类丰度相较于20世纪90年代来讲升高较为显著，而软体动物降低趋势较为显著。同时通过表2-11可发现，群落中经济软体动物占丰度的比例逐渐下降，而多毛类则逐步上升。这两方面也在一定程度上说明了黄河三角洲潮间带大型底栖动物资源有丰度数量升高但个体小型化的趋势。

表2-11　黄河三角洲潮间带大型底栖动物丰度的年际变动　单位：个/米²

调查时间	总丰度	多毛类	软体动物	甲壳动物	其他	参考文献
1996年8月	—	—	—	—	—	蔡学军等，2000
2005年8月	261.00	—	—	—	—	刘志杰，2013
2006年8月	141.11	—	—	—	—	郑莉，2007
2008年8月	698.67	65.60	675.20	12.00	0.80	王志忠等，2008
2009年8月	496.97	200.00	39.98	42.98	625.40	董贯仓等，2012
2010年8月	692.30	—	—	—	—	董贯仓等，2012
2012年8月	26.67	—	—	—	—	李珊泽等，2015
2016年8月	242.40	43.52	119.50	27.25	5.42	
2017年8月	229.50	34.08	57.51	48.66	25.00	

注："—"为无调查数据。

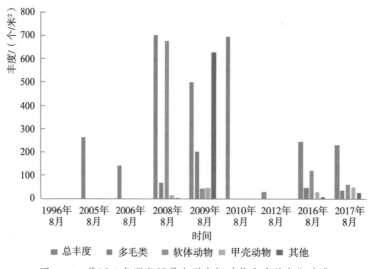

图2-27　黄河三角洲潮间带大型底栖动物丰度的年际变化

三、生物多样性

21世纪前由于缺乏数据，黄河三角洲潮间带生物多样性状况不明确。自2005年开始，生物多样性年际间波动较大并呈现减小趋势，2005年生物多样性指数（H'）为1.34，变化范围为0.21～2.96，2006年为2.00，变化范围为1.25～2.80（表2-12，图2-28）。2009年生物多样性指数为0.92，变化范围为0.15～2.55，降低较为显著；2010年为1.50，有所升高；2012年又降低至0.69，2016年和2017年又升至0.80左右，相对于前几年总体来说生物多样性指数呈现下降趋势。结合物种数目降低的结果，黄河三角洲潮间带大型底栖动物生物多样性指数也有降低趋势。

表2-12　黄河三角洲潮间带大型底栖动物生物多样性的年际变动

调查时间	生物多样性指数	均匀度指数	参考文献
1996年8月	—	—	蔡学军等，2000
2005年8月	1.34	0.56	刘志杰，2013
2006年8月	2.00	0.70	郑莉，2007
2008年8月	—	—	王志忠等，2008
2009年8月	0.92	—	董贯仓等，2012
2010年8月	1.50	—	董贯仓等，2012
2012年8月	0.69	0.41	李珊泽等，2015
2016年8月	0.89	0.77	
2017年8月	0.80	0.75	

注："—"为无调查数据。

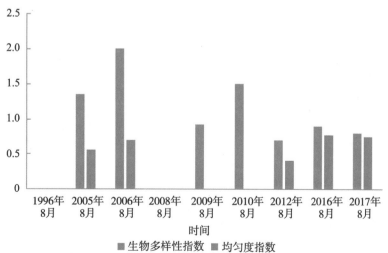

图2-28　黄河三角洲潮间带大型底栖动物群落生物多样性的年际变动

四、生物群落结构（聚类分析和MDS分析）

1. 基于物种数的群落聚类分析和MDS分析

对近20年来黄河三角洲潮间带群落进行聚类分析表明，不同年代的物种数依据Bray Curtis 相似性被明显划分为三个组别，但并没有明确的年际间分组规律，可能与个别年份数值异常有关（图2-29，图2-30）。

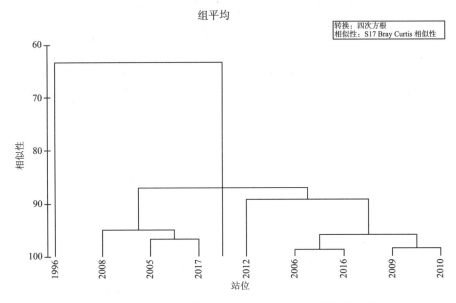

图2-29 黄河三角洲潮间带大型底栖动物群落聚类分析

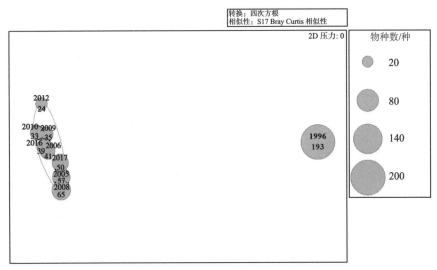

图中每个圆圈中上面的数字为年份，下面的为物种数。
图2-30 黄河三角洲潮间带大型底栖动物群落MDS分析

2. 基于生物量的群落聚类分析和MDS分析

对近20年来黄河三角洲潮间带8月份的群落生物量进行聚类分析表明，不同年代物种数依据Bray Curtis相似性被明显划分为三个组别，其中1996—2010年占据两个组别，而2012—2017年占据一个组别，说明生物量随着时间的推移变化较明显，呈现降低的趋势（图2-31，图2-32）。

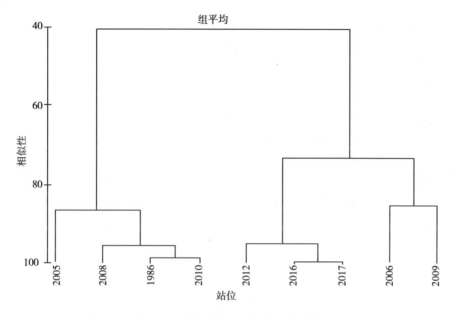

图2-31 黄河三角洲潮间带大型底栖动物群落聚类分析

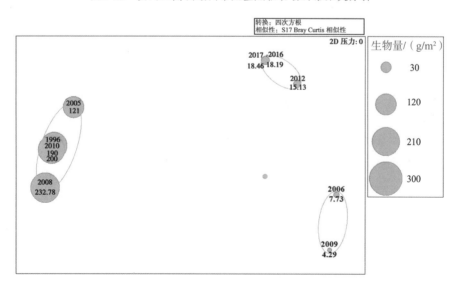

图中每个圆圈中上面的数字为年份，下面的为生物量。

图2-32 黄河三角洲潮间带大型底栖动物群落MDS分析

3. 基于丰度的群落聚类分析和MDS分析

对近20年来黄河三角洲潮间带8月份的群落丰度进行聚类分析表明，不同年代物种数依据Bray Curtis相似性被明显划分为三个组别，除2012年被单独分离出来以外，并没有明确的年际间分组规律，可能与个别年份数值异常有关（图2-33，图2-34）。

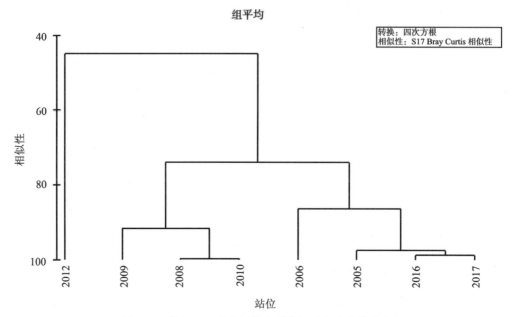

图2-33 黄河三角洲潮间带大型底栖动物群落聚类分析

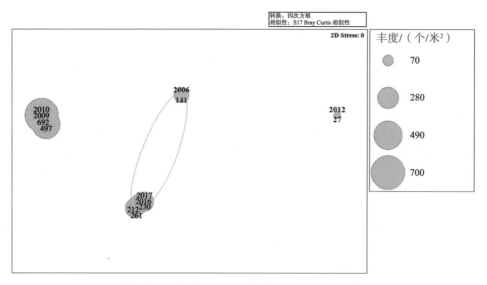

图中每个圆圈中上面的数字为年份，下面的为丰度。

图2-34 黄河三角洲潮间带大型底栖动物群落MDS分析

五、小结

通过以上对黄河三角洲不同区域底栖动物的物种组成、生物量、丰度和物种多样性分析，我们能够看出近20年来黄河三角洲底栖动物在物种组成方面年际变化明显。大体可以分为两个阶段：第一阶段物种数量较高；第二阶段物种数降低，且维持在较低的水平。同时，群落中的优势类群和优势种也有明显变化，其主要类群由个体较大、生物量高的甲壳动物和软体动物变为个体较小的多毛类及小型双壳类。

一方面，从生物量和丰度方面分析，近20年来黄河三角洲潮间带底栖动物生物量和丰度随着时间的推移都呈现先升高后降低的趋势。这与底栖动物的捕捞以及人工建设对环境的破坏有很大的关系。数据显示，前10年软体动物和甲壳动物生物量在底栖动物群落中占较高的比例。随着人类对底栖生物栖息环境破坏程度加大，导致种群栖息地被破坏，种群补充能力不足，丰度和生物量逐渐降低且趋于稳定趋势。另一方面，黄河三角洲潮间带大型底栖动物资源小型化趋势严重，大型甲壳动物生物量和丰度有降低的趋势，而小型多毛类生物量和丰度有增加的趋势。

第四节 潮间带大型底栖动物群落时空变化原因探讨

潮间带是世界湿地生态系统一个重要类型，因处于陆海过渡地带，人类生产开发活动频繁，且海陆理化因子交替作用下环境复杂多变，对潮间带生态学的研究一直倍受国内外学者关注。黄河三角洲底栖生物的调查研究以潮下带和近海区域相对较多。但黄河三角洲潮间带的大型底栖动物群落调查工作开展较少，1949年后对该区域潮间带动物有过两次较大规模的调查（刘瑞玉等，1996；《山东省海岸带和海涂资源综合调查报告集》）。后期也有少量学者开展了黄河三角洲潮间带生物多样性（蔡学军和田家怡，2000；董贯仓等，2012；冷宇等，2013）及大型底栖生物生态学研究（王晓晨等，2008；李芮，2011）。

2016—2017年5次调查在黄河三角洲潮间带共获得大型底栖动物119种，其中环节动物多毛类29种，其次是甲壳动物35种、软体动物45种、鱼类7种、其他动物3种。

其种类组成时空差异明显，从季节而言，物种数春季高于夏、秋两季，这与彭欣等（2009）对南麂列岛潮间带大型底栖动物调查结果相同，但不同于李芮（2011）对黄河口的调查结果，其结果显示秋季高于春季。这可能是由于各研究的取样范围不同造成了不同的季节变化规律。

潮间带大型底栖动物的调查显示，底栖动物的分布存在明显的分带现象。潮位对大型底栖动物群落的物种数、密度和生物量有重要的影响。低潮带种数最多，向高潮带依次递减，各潮区的底栖动物体现了分布的连续性，是潮间带生物分布的特征之一（陆继红等，1992；彭欣等，2007；冷宇等，2013）。有研究认为，从高潮带向低潮带，物种数、密度和生物量会不断增高（Edgar & Barrett，2002），较低潮带的物种数和密度较大（Honkoop et al.，2006）。也有研究认为，中潮带物种数和密度最高，而低潮带的生物量最大（Spruzen et al.，2008）。我们在黄河三角洲潮间带开展的调查显示，各潮带底栖动物种类组成、密度、生物量分布相差较大，群落组成较为单一，总体来看，主要代表生物为中、低潮带的光滑河蓝蛤、四角蛤蜊、泥螺和托氏蜎螺，产生这种差异的原因与研究区域的环境异质性有关。

海洋生境的变化常会导致潮间带底栖生物物种多样性、数量和群落的改变（Li et al.，2017；王全超等，2013）。黄河三角洲保护区潮间带大型底栖动物的分布与栖息环境关系密切，其种类数量分布与生境理化性质及表层水体营养水平等都有较大关系（夏江宝等，2009）。自1996年黄河口清8出汊改道以来，形成的黄河口新滩涂不断得到黄河来沙的补给，岸线向前及两侧不断扩展。同时，由于自2002年起黄河开始的调水调沙计划及较强海洋动力的作用，在2005年之前黄河口南部整体是以快速淤积造陆为主，而近几年开始出现冲蚀（杨江平等，2013）。沿岸工厂污水、养殖废水、生活废水、农田污水等不断注入河口区，使河口及附近海域的各种水化学指标超标，营养盐结构失衡，从而威胁到生物生存（张继民等，2010，2012）。

黄河三角洲不仅生物种类繁多，也是重要经济和渔业资源的产卵场、索饵场和越冬场，丰富的自然资源为湿地鸟类提供了充足的食物和优良的栖息环境。大型底栖动物是湿地和海洋生态系统中重要的生物组分，在食物网的能量流动和物质循环中发挥重要作用，是滨海湿地鸟类尤其是珍稀濒危鸟类的主要食物来源。本书的研究结果显示，随着人们开发利用及近岸生态环境的不断恶化，黄河三角洲潮间带大型底栖动物资源个体小型化趋势严重，大型甲壳动物的生物量和丰度逐步降低，而小型多毛类生物的生物量和丰度逐步增加。一方面，大型底栖动物作为底栖环境的指示生物，群落结构特征能够直接反映该区域生态健康状况；另一方面，黄河三角洲潮间带大型底栖动物群落结构与该区域滨鸟食源密切相关。大型底栖动物类群的小型化趋势，有可能造成滨鸟食物缺乏、鸟类种群数量下降、鸟类栖息地质量下降。因此，非常有必要对黄河三角洲潮间带大型底栖动物群落开展长周期监测，以获取黄河三角洲底栖生境及鸟类食源的基础数据，为黄河三角洲生物多样性保护及保护区管理政策的制定提供理论基础。

第三章
黄河三角洲潮下带和近岸浅海大型底上动物资源的时空分布及变化

第一节　调查和分析方法

一、样点及站位布设、调查类型、调查频次和时间

样点及站位布设、调查类型、调查频次和时间参考本书第二章第一节潮间带大型底栖动物调查。

取样面积、次数和调查手段：

① 采泥样：一般使用0.1 m²采泥器，每站采泥面积不少于0.2 m²，每站取3次；在港湾中或无动力设备的小船上，可用0.05 m²采泥器，每站取3次，特殊情况下，不少于2次。

② 拖网采样：拖网时要求调查船以低速（不高于3节，约5.4 km/h）进行，如船只无1~3 km的低速挡，可采用低速间歇开车进行拖网，每船拖网时间一般为15~30 min（以网具着底开始算起至起网止）；半定量取样，拖网时间10 min；深水拖网，可适当延长时间。

二、潮下带和近岸浅海底栖生物采集工具、所需药品及方法

底栖生物采集工具种类很多，目前国内在采集方法和采集工具上，还没有统一规范，但基本的方法和工具是一样的。

（一）采集工具及所需药品

底栖生物采集过程中需要下列工具及药品：0.1 m²和0.05 m²箱式或抓斗式采泥器、拖网、GPS测量仪、水质分析仪（YSI）、标签、铅笔、记录本、广口瓶250 mL、纱布、分样筛、解剖盘、小镊子、吸管、甲醛、酒精等。

（二）采集方法

1. 拖网采集

拖网时，根据不同的底质使用不同的网具，例如，对于岩礁、沙砾或较硬的底质，使用双刃网比较合适；对于较软的底质，使用阿氏网、桁网或三角网。但是，要想采到泥沙中较小型的贝类，如角贝或更小的贝类，也可用双刃网，但拖网时间宜短。

下网前，应先测海水的深度、水温和海底的性质。确定使用的网具类型和放多长的网绳（一般近岸浅水区的拖网绳长为水深的3倍，水深大于1 000 m的深海的拖网绳

长为水深的1.5～2.0倍）。一般在同一站位，先用采泥器采取定量标本，明确海水的深度及底质后，再放网，做到一举两得。拖网过程中，以手按网绳，便可感知网是否落地，网尚未着地，船要减速。近岸浅水区的拖网时间为15 min，水深1 000 m以深的深海的拖网时间为30～60 min，船停下后才能开始起网。

2. 采泥采集

采泥器（Dredge）是底栖生物定量采集工具。采泥器利用本身重量插于底质中，取得底质并放入过筛器中，经水洗后分离出泥中的底栖生物。通过生物定量分析，推算出某一水体中底栖生物的数量。常用的包括0.25 m^2、0.1 m^{2}和0.05 m^{2}箱式或抓斗式采泥器。

3. 潜水采集

潜水采集也是潮下带采集大型底栖动物标本的手段之一。其优点是可在水浅或近岸等高低不平的岩礁底等不宜拖网的地方进行。如可能，采集者尽量自己潜水采集，既可观察了解动物的自然生态，还可采到别人注意不到的种类。

4. 鱼市场和水产公司采集

有食用价值的大型底栖动物多是渔民捕捞的对象，如瓜螺、泥东风螺、角螺、日月贝、乌贼、鱿鱼、三疣梭子蟹、对虾、鼓虾、海胆、海星都能从鱼市场收集到。无经济价值的大型底栖动物，也常混杂在渔获物中，如鹑螺、蛙螺、骨螺、一些小型虾类。因此，到鱼市场或水产公司去采集标本，可弥补采集之不足，有时也能收集到更多有价值的标本。

第二节　潮下带和近岸浅海大型底上动物资源的时空分布

2016—2017年，黄河三角洲潮下带和近岸浅海共采集大型底上动物109种[1]（图

---

[1] 本研究是针对河口近岸浅海区域（水深5 m以浅水域）采用底拖网采样，但由于一些中上层生物存在夜间垂直移动习性，或在不同的生命周期及觅食时会有底游行为，所以在下网和起网时会被顺带捕获。书中记录的此类物种有10种（即日本枪乌贼、中国毛虾、安氏新银鱼、赤鼻棱鳀、花鲈、青鳞小沙丁鱼、鲅、太平洋鲱、鲕和中颌棱鳀），考虑到上述物种在黄河入海口浅海区域较为常见，为了更全面地反映黄河入海口浅海区域底上动物资源，本书亦描述了上述物种。

3-1），其中鱼类35种，占总物种数的32.11%；软体动物34种，占31.19%；甲壳动物37种，占33.94%；棘皮动物2种，占1.83%；其他动物1种，占0.91%。物种数在2016年和2017年存在季节性变动。总物种数在2016年8月最高，在2017年5月最低。各类群物种数也存在季节性变动，具体变动情况如下：甲壳动物物种数变化较小，2016年和2017年8月的物种数都小于11月，2016年11月的物种数最高。软体动物物种数基本稳定，2016年和2017年8月的略高于11月。鱼类物种数相较于其他生物变化较大，2016年和2017年8月的物种数都高于11月，2017年5月鱼类物种数最低。棘皮动物在2016年和2017年各月物种数均较少。

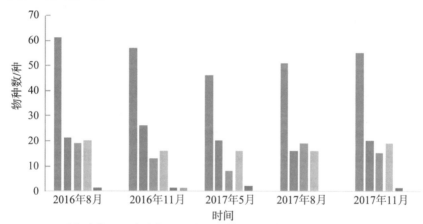

图3-1 黄河三角洲潮下带和近岸浅海大型底上动物物种数的季节变化

一、物种组成及优势种

1. 物种组成

2016年8月黄河三角洲潮下带和近岸浅海进行了11个拖网站采样，共采到61种生物。其中，甲壳动物21种，占34.43%；鱼类19种，占31.15%；软体动物20种，占32.79%；棘皮动物1种，占1.64%。总种数中甲壳动物最多，棘皮动物最少（图3-2）。

2016年11月共进行了11个拖网站采样，其中9个站成功拖网，共采到57种生物。其中，鱼类13种，占22.81%；软体动物16种，占28.07%；甲壳动物26种，占45.62%；棘皮动物1种，占1.75%；其他动物1种，占1.75%。总种

图3-2 2016年8月黄河三角洲潮下带和近岸浅海大型底上动物物种组成

数中甲壳动物最多，棘皮动物最少（图3-3）。

2017年5月成功拖网11个站，共采到46种生物。其中，鱼类8种，占17.39%；软体动物16种，占34.78%；甲壳动物20种，占43.48%；棘皮动物2种，占4.35%。总种数中甲壳动物最多，棘皮动物最少（图3-4）。

 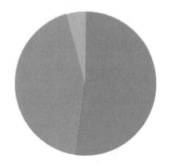

■甲壳动物 ■软体动物 ■鱼类 ■棘皮动物 ■其他 　　　　■鱼类 ■软体动物 ■甲壳动物 ■棘皮动物

图3-3　2016年11月黄河三角洲潮下带　　图3-4　2017年5月黄河三角洲潮下带和
和近岸浅海大型底上动物物种组成　　　　近岸浅海大型底上动物物种组成

2017年8月共拖网11个站，其中8站拖网成功，共采到51种生物。其中，甲壳动物16种，占31.37%；鱼类19种，占37.26%；软体动物16种，占31.37%。总种数中鱼类最多，软体动物最少（图3-5）。

2017年11月成功拖网11个站，共采到55种生物。其中，鱼类15种，占27.27%；软体动物19种，占34.55%；甲壳动物20种，占36.36%；棘皮动物1种，占1.82%。总种数中甲壳动物最多，棘皮动物最少（图3-6）。

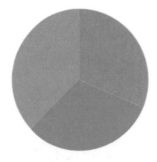

■甲壳动物 ■软体动物 ■鱼类 　　　　　■软体动物 ■甲壳动物 ■鱼类 ■棘皮动物

图3-5　2017年8月黄河三角洲潮下带和　　图3-6　2017年11月黄河三角洲潮下带
近岸浅海大型底上动物物种组成　　　　　和近岸浅海大型底上动物物种组成

2.物种空间分布

黄河三角洲近海拖网调查物种数中以甲壳动物占比最高，软体动物和鱼类次之。物种的时空分布存在差异，不同采样月份和不同区域物种数及各类群所占的比例都有变化。例如，2016年8月甲壳动物在大汶流的T2、T4、T5站位和一千二的T10站位的物种数占比超过50%；2016年11月甲壳动物在大多数站位的物种数占比也超过50%。2017年5月甲壳动物物种数占比有所下降，仅在黄河口的T5、T6两站位和T11站位超过50%，而软体动物在T8站位的物种数占比超过50%。2017年8月甲壳动物仅在T5站位的物种数占比超过50%，鱼类在T6站位的物种数占比超过50%。2017年11月甲壳动物在T4和T11站位的物种数占比超过50%，鱼类在T8站位的物种数占比超过50%。

3. 优势种

2016年—2017年5个月的调查中，在黄河三角洲潮下带及近岸浅海共发现大型底上动物优势种19种，其中软体动物4种，甲壳动物11种，鱼类4种。优势地位比较明显的包括纵肋织纹螺、中国毛虾、脊尾白虾、中国蛤蜊、黄海褐虾、葛氏长臂虾、脊尾白虾、矛尾虾虎鱼。优势种在不同月有差异，2016年8月发现优势种13种（表3-1），其中软体动物3种，甲壳动物6种，鱼类4种，优势地位明显的是纵肋织纹螺、中国毛虾、黄海褐虾、葛氏长臂虾及中国蛤蜊等。2016年11月发现优势种6种（表3-2），其中软体动物1种，甲壳动物4种，鱼类1种，优势地位明显的是脊尾白虾和黄海褐虾。2017年5月发现优势种9种（表3-3），其中软体动物3种，甲壳动物5种，鱼类1种，优势地位明显的是寄居蟹、豆形拳蟹及小型贝类。2017年8月发现优势种4种（表3-4），其中软体动物1种，甲壳动物2种，鱼类1种，优势地位最为明显的是纵肋织纹螺。2017年11月发现优势种7种（表3-5），其中软体动物2种，甲壳动物4种，鱼类1种，优势地位明显的是纵肋织纹螺、日本褐虾、矛尾虾虎鱼等。

表3-1　2016年8月黄河三角洲潮下带和近岸浅海大型底上动物优势种及其优势度指数

类别	中文名	拉丁文名	优势度
软体动物	纵肋织纹螺	*Nassarius variciferus*	0.42
	中国蛤蜊	*Mactra chinensis*	0.12
	四角蛤蜊	*Mactra quadrangularis*	0.03
甲壳动物	中国毛虾	*Acetes chinensis*	0.20
	黄海褐虾	*Crangon uritai*	0.13
	葛氏长臂虾	*Palaemon gravieri*	0.13

续表

类别	中文名	拉丁文名	优势度
甲壳动物	脊尾白虾	*Palaemon carnicauda*	0.10
	口虾蛄	*Oratosquilla oratoria*	0.04
	日本拟平家蟹	*Heikeopsis japonica*	0.02
鱼类	矛尾虾虎鱼	*Chaeturichthys stigmatias*	0.09
	单鳍鲻	*Draculo mirabilis*	0.04
	鳀	*Engraulis japonicus*	0.03
	青鳞小沙丁鱼	*Sardinella zunasi*	0.03

表3-2　2016年11月黄河三角洲潮下带和近岸浅海大型底上动物优势种
及其优势度指数

类别	中文名	拉丁文名	优势度
软体动物	纵肋织纹螺	*Nassarius variciferus*	0.03
甲壳动物	黄海褐虾	*Crangon uritai*	0.24
	葛氏长臂虾	*Palaemon gravieri*	0.03
	脊尾白虾	*Palaemon carnicauda*	0.33
	狭颚绒螯蟹	*Neoeriocheir leptognathus*	0.03
鱼类	矛尾虾虎鱼	*Chaeturichthys stigmatias*	0.06

表3-3　2017年5月黄河三角洲潮下带和近岸浅海大型底上动物优势种
及其优势度指数

类别	中文名	拉丁文名	优势度
软体动物	纵肋织纹螺	*Nassarius variciferus*	0.06
	中国蛤蜊	*Mactra chinensis*	0.06
	扁玉螺	*Neverita didyma*	0.03
甲壳动物	葛氏长臂虾	*Palaemon gravieri*	0.04
	脊尾白虾	*Palaemon carnicauda*	0.06
	日本蟳	*Charybdis（Charybdis）japonica*	0.03

续表

类别	中文名	拉丁文名	优势度
甲壳动物	寄居蟹	*Pagurus minutus*	0.26
	豆形拳蟹	*Pyrhila pisum*	0.10
鱼类	矛尾虾虎鱼	*Chaeturichthys stigmatias*	0.02

表3-4　2017年8月黄河三角洲潮下带和近岸浅海大型底上动物优势种
及其优势度指数

类别	中文名	拉丁文名	优势度
软体动物	纵肋织纹螺	*Nassarius variciferus*	0.81
甲壳动物	葛氏长臂虾	*Palaemon gravieri*	0.02
	豆形拳蟹	*Pyrhila pisum*	0.04
鱼类	矛尾虾虎鱼	*Chaeturichthys stigmatias*	0.03

表3-5　2017年11月黄河三角洲潮下带和近岸浅海大型底上动物优势种
及其优势度指数

类别	中文名	拉丁文名	优势度
软体动物	纵肋织纹螺	*Nassarius variciferus*	0.12
	扁玉螺	*Neverita didyma*	0.07
甲壳动物	葛氏长臂虾	*Palaemon gravieri*	0.06
	口虾蛄	*Oratosquilla oratoria*	0.05
	日本蟳	*Charybdis（Charybdis）japonica*	0.02
	日本褐虾	*Crangon hakodatei*	0.08
鱼类	矛尾虾虎鱼	*Chaeturichthys stigmatias*	0.08

二、生物量和丰度

2016年8月黄河三角洲潮下带及近岸浅海各站位的物种丰度变化范围为0.01个/米²（T3站位）至1.06个/米²（T6站位），生物量的变化范围为0.01 g/m²（T3站位）至0.96 g/m²（T6站位）。生物量在各站位分布不均，且两极分化严重。生物量的区域分布差异为黄河口外围生物量较高，莱州湾北部沿岸生物量较低。生物量的总体分布情况与丰度分布相同。T1、T2和T3站位丰度和生物量值均较低，T6~T8站位的物种丰度和生物量均较大（表3-6）。

表3-6　2016年8月黄河三角洲潮下带和近岸浅海大型底上动物

各站位丰度（个/米²）和生物量（g/m²）

站位	软体动物		甲壳动物		鱼类		棘皮动物		总计	
	丰度	生物量	丰度	生物量	丰度	生物量	丰度	生物量	丰度	生物量
T1	0.030 4	0.044 6	0.028 4	0.111 4	0.027 7	0.028 9	0	0	0.086 5	0.184 9
T2	0.009 7	0.013 7	0.019 5	0.133 3	0.009 7	0.014 4	0	0	0.038 9	0.161 4
T3	0.006 8	0.002 5	0.001 0	0.009 3	0.002 4	0.000 2	0	0	0.010 3	0.012 0
T4	0.014 0	0.032 7	0.246 9	0.064 2	0.105 3	0.119 8	0	0	0.366 2	0.216 6
T5	0.002 6	0.060 5	0.280 5	0.145 3	0.021 7	0.037 1	0	0	0.304 7	0.242 9
T6	0.191 3	0.122 6	0.674 1	0.548 9	0.181 5	0.283 7	0.008 1	0.001 8	1.055 1	0.957 0
T7	0.328 3	0.196 9	0.057 0	0.071 5	0.036 3	0.286 0	0.004 3	0.002 0	0.425 9	0.556 5
T8	0.246 4	0.103 2	0.145 9	0.106 5	0.007 1	0.022 2	0	0	0.399 4	0.231 9
T9	0.395 3	0.179 5	0.475 9	0.109 1	0.012 2	0.032 9	0.000 5	0.000 6	0.883 9	0.322 1
T10	0	0	0.397 5	0.286 0	0.104 8	0.178 5	0.001 1	0.000 7	0.503 5	0.465 2
T11	0.017 4	0.055 1	0.067 1	0.072 6	0.023 2	0.089 0	0	0	0.107 7	0.216 7

2016年11月各站位的物种丰度变化范围为0.03个/米²（T10站位）至0.37个/米²（T6站位），生物量的变化范围为0.04 g/m²（T10站位）至1.17 g/m²（T6站位）。T4、T8和T10站位的丰度和生物量均较低，T3、T6和T7站位的物种丰度和生物量均较大（表3-7）。

表3-7　2016年11月黄河三角洲潮下带和近岸浅海大型底上动物

各站位丰度（个/米²）和生物量（g/m²）

站位	软体动物		甲壳动物		鱼类		棘皮动物		其他		总计	
	丰度	生物量	丰度	生物量	丰度	生物量	丰度	生物量	丰度	生物量	丰度	生物量
T2	0.024 2	0.168 8	0.073 8	0.102 0	0.006 5	0.069 7	0	0	0	0	0.104 5	0.340 5
T3	0.021 7	0.069 0	0.107 7	0.167 1	0.006 6	0.074 5	0.000 19	0.000 04	0	0	0.136 2	0.310 7
T4	0.008 1	0.022 1	0.046 7	0.017 8	0.008 2	0.036 2	0	0	0	0	0.063 1	0.076 0

站位	软体动物		甲壳动物		鱼类		棘皮动物		其他		总计	
	丰度	生物量	丰度	生物量	丰度	生物量	丰度	生物量	丰度	生物量	丰度	生物量
T5	0.006 1	0.020 7	0.184 6	0.234 2	0.003 6	0.014 6	0	0	0	0	0.194 2	0.269 6
T6	0.003 4	0.039 0	0.356 7	1.034 7	0.014 4	0.101 0	0.000 2	0.000 3	0	0	0.374 7	1.175 0
T7	0.025 9	0.048 6	0.096 6	0.222 8	0.024 2	0.020 2	0.002 2	0.004 2	0	0	0.148 8	0.295 9
T8	0.014 0	0.236 4	0.014 7	0.010 5	0.012 8	0.020 2	0	0	0	0	0.041 5	0.267 1
T10	0.000 8	0.003 0	0.026 3	0.011 8	0.001 9	0.022 2	0.000 8	0.001 8	0.000 3	0.000 1	0.030 0	0.039 0
T11	0.003 4	0.282 1	0.047 6	0.102 7	0.010 7	0.204 7	0.000 5	0.001 0		0	0.062 1	0.590 5

注：表中各类型动物的丰度生物量是原始值四舍五入后保留四位（个别五位）小数的约值，而总计一栏是各类动物原始值相加后再四舍五入保留四位小数的约值，并不是前面约值的和，之所以总计一栏这样处理是可以相对更精确。

2017年5月各站位的物种丰度变化范围为0.072个/米²（T6站位）至2.51个/米²（T2站位），生物量的变化范围为0.20 g/m²（T11站位）至5.00 g/m²（T5站位）。T6和T11站位丰度和生物量值均较低，T2、T3、T4和T5站位的物种丰度和生物量均较大（表3-8）。

表3-8　2017年5月黄河三角洲潮下带和近岸浅海大型底上
动物各站位丰度（个/米²）和生物量（g/m²）

站位	软体动物		甲壳动物		鱼类		棘皮动物		总计	
	丰度	生物量	丰度	生物量	丰度	生物量	丰度	生物量	丰度	生物量
T1	0.137 0	0.157 0	0.057 5	0.180 9	0.009 1	0.053 0	0	0	0.203 7	0.390 9
T2	0.369 0	0.627 2	2.074 7	1.072 0	0.067 9	0.257 1	0	0	2.511 7	1.956 3
T3	0.280 8	0.555 8	0.195 0	0.579 7	0.015 1	0.040 0	0.001 7	0.000 1	0.492 6	1.175 6
T4	0.186 6	0.966 7	0.137 4	0.315 3	0.018 9	0.045 8	0	0	0.343 0	1.327 8
T5	0.116 5	0.899 6	1.396 8	4.001 8	0.046 6	0.091 8	0	0	1.559 9	4.993 2
T6	0.004 2	0.042 0	0.062 1	0.286 2	0.004 9	0.006 9	0	0	0.071 2	0.335 1
T7	0.083 5	0.098 2	0.106 2	0.218 1	0.014 0	0.023 5	0.000 3	0.000 7	0.204 7	0.340 5
T8	0.097 7	0.076 2	0.158 2	0.406 4	0.004 6	0.012 9	0	0	0.260 5	0.495 5
T9	0.062 6	0.146 6	0.113 8	0.190 4	0.036 7	0.088 2	0	0	0.213 1	0.425 1
T10	0.012 0	0.182 7	0.133 2	0.613 7	0.035 9	0.330 4	0	0	0.181 1	1.126 8
T11	0.057 8	0.106 5	0.031 6	0.090 7	0.005 3	0.006 3	0	0	0.094 7	0.203 5

2017年8月各站位的物种丰度变化范围为0.002 3个/米²（T10站位）至6.003 个/米²（T3站位），生物量的变化范围为0.054 g/m²（T10站位）至5.90 g/m²（T3站位）。T10和T6站位丰度和生物量均较低，T2和T3站位的物种丰度和生物量均较大（表3-9）。

表3-9　2017年8月黄河三角洲潮下带和近岸浅海大型底上
动物各站位丰度（个/米²）和生物量（g/m²）

站位	软体动物		甲壳动物		鱼类		总计	
	丰度	生物量	丰度	生物量	丰度	生物量	丰度	生物量
T1	0.118 7	1.380 5	0.200 4	1.130 1	0.114 4	1.815 0	0.433 5	4.325 6
T2	1.434 5	1.160 3	0.272 1	1.491 4	0.180 4	2.651 9	1.887 0	5.303 6
T3	5.853 4	4.214 2	0.117 2	0.540 2	0.033 0	1.143 2	6.003 6	5.897 6
T4	0.134 0	0.471 5	0.143 0	0.490 0	0.013 3	0.719 5	0.290 3	1.681 0
T5	0.031 3	0.041 5	0.233 8	0.608 3	0.067 9	3.102 6	0.333 0	3.752 3
T6	0.007 1	0.012 6	0.042 1	0.286 9	0.046 8	0.379 7	0.096 0	0.679 3
T7	0.016 5	0.408 3	0.036 8	0.537 9	0.083 9	0.525 0	0.137 2	1.471 2
T10	0.000 2	0.027 9	0.001 2	0.005 8	0.000 9	0.020 0	0.002 3	0.053 7

2017年11月各站位的物种丰度变化范围为0.015个/米²（T4站位）至0.60个/米²（T2站位），生物量的变化范围为0.19 g/m²（T9站位）至12.39 g/m²（T10站位）。T4、T5和T9站位丰度和生物量均较低，T2、T3和T10站位的物种丰度和生物量均较大（表3-10）。

表3-10　2017年11月黄河三角洲潮下带和近岸浅海大型底上
动物各站位丰度（个/米²）和生物量（g/m²）

站位	软体动物		甲壳动物		鱼类		棘皮动物		总计	
	丰度	生物量	丰度	生物量	丰度	生物量	丰度	生物量	丰度	生物量
T1	0.032 9	0.347 1	0.103 2	0.109 9	0.010 0	0.064 3	0	0	0.146 1	0.521 3
T2	0.238 7	0.798 3	0.295 6	0.314 6	0.069 8	0.802 8	0	0	0.604 1	1.915 7
T3	0.100 9	0.533 3	0.230 3	0.483 5	0.072 3	0.648 4	0.003 4	0.028 2	0.406 9	1.693 3
T4	0.002 7	0.033 2	0.007 1	0.194 7	0.004 7	0.225 9	0	0	0.014 5	0.453 8
T5	0.006 7	0.287 7	0.018 3	0.181 8	0.004 5	0.075 8	0	0	0.029 5	0.545 4

续表

站位	软体动物		甲壳动物		鱼类		棘皮动物		总计	
	丰度	生物量	丰度	生物量	丰度	生物量	丰度	生物量	丰度	生物量
T6	0.008 8	0.056 0	0.014 6	0.393 2	0.014 3	0.437 0	0	0	0.037 7	0.886 1
T7	0.039 4	0.252 1	0.008 9	0.035 6	0.008 4	0.707 0	0	0	0.056 6	0.994 8
T8	0.131 7	0.627 7	0.008 9	0.059 0	0.004 0	0.050 0	0	0	0.144 7	0.736 7
T9	0.003 6	0.013 8	0.004 1	0.037 5	0.032 0	0.134 1	0	0	0.039 7	0.185 4
T10	0.115 1	4.634 4	0.152 3	2.817 4	0.214 3	4.941 8	0	0	0.481 8	12.393 5
T11	0.069 2	4.518 9	0.055 3	1.030 3	0.037 0	0.832 6	0	0	0.161 5	6.381 8

三、生物多样性

2016年8月，黄河三角洲潮下带及近岸浅海大型底上动物群落的丰富度指数（d）的平均值为1.50±0.45，变化范围为0.43（T3站位）至1.95（T6站位）；均匀度指数（J'）的平均值为0.62±0.19，变化范围为0.37（T9站位）至0.93（T2站位）；多样性指数（H'）的平均值为1.74±0.45，变化范围为1.14（T9站位）至2.36（T1站位）（图3-7）。

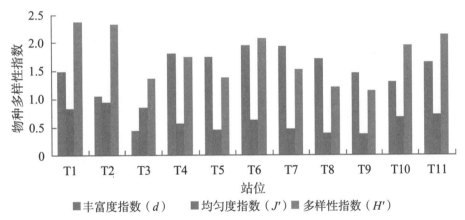

图3-7 2016年8月黄河三角洲潮下带和近岸浅海大型底上动物物种多样性指数

2016年11月，黄河三角洲潮下带及近岸浅海大型底上动物群落的丰富度指数（d）的平均值为1.62±0.28，变化范围为1.17（T6站位）至2.03（T3站位）；均匀度指数（J'）的平均值为0.62±0.11，变化范围为0.45（T6站位）至0.74（T11站位）；多样性指数（H'）的平均值为1.84±0.36，变化范围为1.24（T6站位）至2.30（T4站位）（图3-8）。

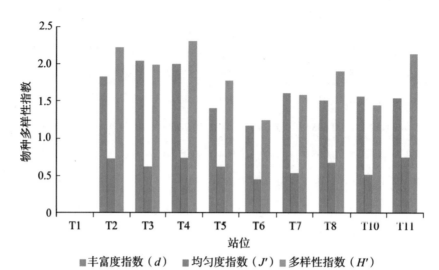

图3-8 2016年11月黄河三角洲潮下带和近岸浅海大型底上动物物种多样性指数

2017年5月，黄河三角洲潮下带及近岸浅海大型底上动物群落的丰富度指数（d）的平均值为1.17±0.34，变化范围为0.70（T11站位）至1.88（T9站位）；均匀度指数（J'）的平均值为0.68±0.10，变化范围为0.41（T2站位）至0.77（T10站位）；多样性指数（H'）的平均值为1.83±0.29，变化范围为1.21（T2站位）至2.25（T9站位）（图3-9）。

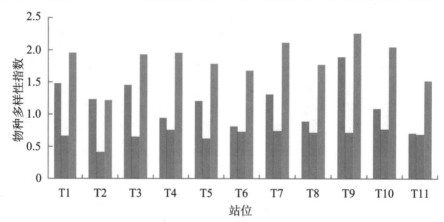

图3-9 2017年5月黄河三角洲潮下带和近岸浅海大型底上动物物种多样性指数

2017年8月，黄河三角洲潮下带及近岸浅海大型底上动物群落的丰富度指数（d）的平均值为1.66±0.56，变化范围为1.28（T3站位）至2.97（T10站位）；均匀度指数（J'）的平均值为0.55±0.23，变化范围为0.06（T3站位）至0.76（T7站位）；多样性指数（H'）的平均值为1.65±0.71，变化范围为0.19（T3站位）至2.20（T7和T10站位）（图3-10）。

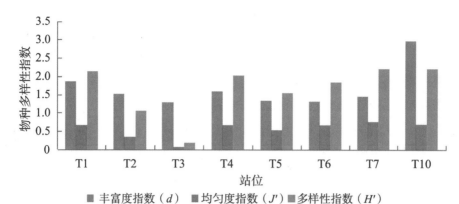

图3-10　2017年8月黄河三角洲潮下带和近岸浅海大型底上动物物种多样性指数

2017年11月,黄河三角洲潮下带及近岸浅海大型底上动物群落的丰富度指数(d)的平均值为1.33±0.32,变化范围为0.66(T9站位)至1.70(T3站位);均匀度指数(J')的平均值为0.73±0.12,变化范围为0.42(T8站位)至0.86(T4站位);多样性指数(H')的平均值为2.01±0.36,变化范围为1.27(T8站位)至2.52(T3站位)(图3-11)。

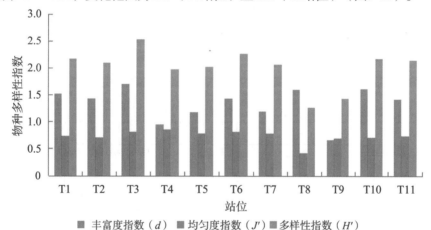

图3-11　2017年11月黄河三角洲潮下带和近岸浅海大型底上动物物种多样性指数

四、生物群落结构(聚类分析和MDS分析)

2016年8月,各站位大型底上动物群落间的Bray-Curtis相似性系数为1.79%~71.38%(图3-12,图3-13)。在α=0.05的水平上对各站位差异进行显著性分析,各站位可以划分为4个类群。群落Ⅰ包括T1、T2、T4、T5、T10、T11站位,平均相似性为41.46%;群落Ⅱ仅包括T3站位;群落Ⅲ包括T6和T7站位,两站的群落相似性为40.80%;群落Ⅳ包括T8和T9站位,两站的群落相似性达71.38%。

群落Ⅰ和群落Ⅱ的平均差异性为83.45%,主要表征种有葛氏长臂虾、矛尾虾虎鱼、脊尾白虾(三者贡献率共为28.79%)。群落Ⅰ和群落Ⅲ的平均差异性为68.10%,

主要表征种有纵肋织纹螺、葛氏长臂虾、脊尾白虾（三者贡献率共为30.46%）。群落
Ⅰ和群落Ⅳ的平均差异性为78.33%，主要表征种有中国蛤蜊、黄海褐虾、四角蛤蜊
（三者贡献率共为42.78%）。群落Ⅱ和群落Ⅲ的平均差异性达92.50%，主要表征种
有纵肋织纹螺、葛氏长臂虾、脊尾白虾（三者贡献率共为33.97%）。群落Ⅱ和Ⅳ的平
均差异性为95.93%，主要表征种有中国蛤蜊、黄海褐虾、四角蛤蜊（三者贡献率共为
56.65）。群落Ⅲ和群落Ⅳ的平均差异性为71.80%，主要表征种有中国蛤蜊、纵肋织
纹螺、黄海褐虾（三者贡献率共为39.64%）。

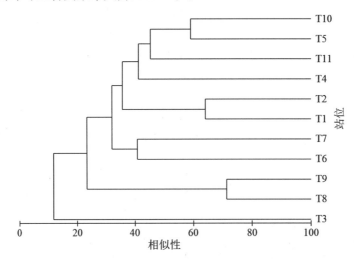

图3-12　2016年8月黄河三角洲潮下带和近岸浅海大型底上动物群落聚类分析

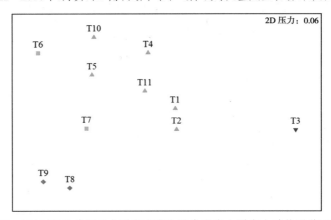

图3-13　2016年8月黄河三角洲潮下带和近岸浅海大型底上动物群落MDS分析

2016年11月，各站位大型底上动物群落间的Bray-Curtis相似性系数为17.56%～
68.76%（图3-14，图3-15）。在α=0.05的水平上对各站位差异进行显著性分析，各站位
可以划分为4个类群。群落Ⅰ包括T2、T3、T4站位，平均相似性为61.23%；群落Ⅱ仅包
括T5和T6站位，两站的群落相似性为58.66%；群落Ⅲ包括T8和T7站位，两站位的群落相

似性为49.60%；群落Ⅳ包括T10和T11站位，两站位的群落相似性达40.14%。

群落Ⅰ和群落Ⅱ的平均差异性为54.41%，主要表征种有黄海褐虾、中华绒螯蟹、脊尾白虾（三者贡献率共为36.90%）。群落Ⅰ和群落Ⅲ的平均差异性为64.55%，主要表征种有黄海褐虾、细螯虾、脊尾白虾（三者贡献率共为26.29%）。群落Ⅰ和群落Ⅳ的平均差异性为61.87%，主要表征种有狭颚绒螯蟹、黄海褐虾、细螯虾（三者贡献率共为22.29%）。群落Ⅱ和群落Ⅲ的平均差异性达63.10%，主要表征种有脊尾白虾、黄海褐虾、狭颚绒螯蟹（三者贡献率共为37.61%）。群落Ⅱ和Ⅳ的平均差异性为73.80%，主要表征种有黄海褐虾、脊尾白虾、狭颚绒螯蟹（三者贡献率共为41.05%）。群落Ⅲ和群落Ⅳ的平均差异性为77.76%，主要表征种有黄海褐虾、脊尾白虾、纵肋织纹螺（三者贡献率共为30.57%）。

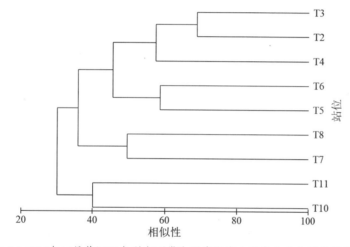

图3-14 2016年11月黄河三角洲潮下带和近岸浅海大型底上动物群落聚类分析

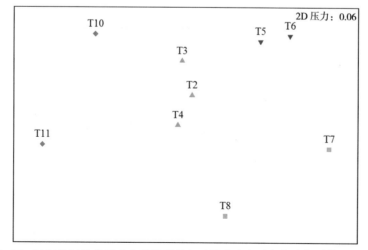

图3-15 2016年11月黄河三角洲潮下带和近岸浅海大型底上动物群落MDS分析

2017年5月，各站位大型底上动物群落间的Bray–Curtis相似性系数为17.94%～68.55%（图3–16，图3–17）。在α=0.05的水平上对各站位差异进行显著性分析，各站位可以划分为4个类群。群落Ⅰ包括T1、T3、T7、T8和T9站位，平均相似性为46.42%；群落Ⅱ包括T2和T5个站位，两站位的群落相似性

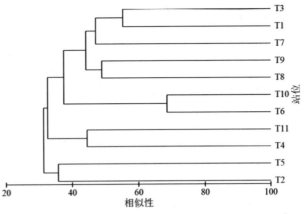

图3–16　2017年5月黄河三角洲潮下带和近岸浅海大型底上动物群落聚类分析

为35.73%；群落Ⅲ包括T4和T11站位，两站位的群落相似性为44.48%；群落Ⅳ包括T6和T10站位，两站位的群落相似性达68.55%。

群落Ⅰ和群落Ⅱ的平均差异性为65.06%，主要表征种有寄居蟹、脊尾白虾、葛氏长臂虾（三者贡献率共为39.18%）。群落Ⅰ和群落Ⅲ的平均差异性为66.47%，主要表征种有宽壳全海笋、纵肋织纹螺、脊尾白虾（三者贡献率共为32.26%）。群落Ⅰ和群落Ⅳ的平均差异性为62.47%，主要表征种有纵肋织纹螺、日本拟平家蟹、中国蛤蜊（三者贡献率共为31.63%）。群落Ⅱ和群落Ⅲ的平均差异性达70.10%，主要表征种有寄居蟹、脊尾白虾、葛氏长臂虾（三者贡献率共为36.82%）。群落Ⅱ和Ⅳ的平均差异性为76.03%，主要表征种有寄居蟹、脊尾白虾、葛氏长臂虾（三者贡献率共为39.19%）。群落Ⅲ和群落Ⅳ的平均差异性为69.66%，主要表征种有宽壳全海笋、脊尾白虾、寄居蟹（三者贡献率共为40.49%）。

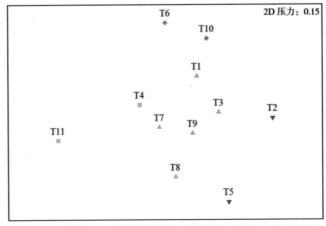

图3–17　2017年5月黄河三角洲潮下带和近岸浅海大型底上动物群落MDS分析

2017年8月，各站位大型底上动物群落间的Bray-Curtis相似性系数为7.37%～59.73%（图3-18，图3-19）。在$\alpha=0.05$的水平上对各站位差异进行显著性分析，各站位可以划分为4个类群。群落Ⅰ包括T1、T2和T3站位，平均相似性为51.87%；群落Ⅱ包括T4、T5和T6站位，平均相似性为44.38%；群落Ⅲ仅包括T7站位；群落Ⅳ仅包括T10站位。

群落Ⅰ和群落Ⅱ的平均差异性为64.72%，主要表征种有纵肋织纹螺、矛尾虾虎鱼、葛氏长臂虾（三者贡献率共为48.47%）。群落Ⅰ和群落Ⅲ的平均差异性为71.21%，主要表征种有纵肋织纹螺、豆形拳蟹、颗粒拟关公蟹（三者贡献率共为46.42%）。群落Ⅰ和群落Ⅳ的平均差异性为91.67%，主要表征种有纵肋织纹螺、豆形拳蟹、矛尾虾虎鱼（三者贡献率共为54.58%）。群落Ⅱ和群落Ⅲ的平均差异性达67.63%，主要表征种有矛尾虾虎鱼、豆形拳蟹、葛氏长臂虾（三者贡献率共为25.42%）。群落Ⅱ和Ⅳ的平均差异性为90.19%，主要表征种有豆形拳蟹、葛氏长臂虾、纵肋织纹螺（三者贡献率共为38.50%）。群落Ⅲ和群落Ⅳ的平均差异性为90.66%，主要表征种有矛尾虾虎鱼、日本蟳、葛氏长臂虾（三者贡献率共为31.87%）。

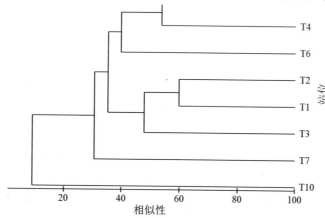

图3-18　2017年8月黄河三角洲潮下带和近岸浅海大型底上动物群落聚类分析

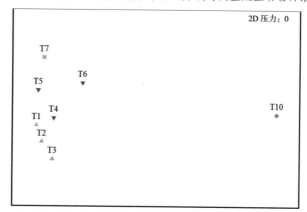

图3-19　2017年8月黄河三角洲潮下带和近岸浅海大型底上动物群落MDS分析

2017年11月，各站位大型底上动物群落间的Bray-Curtis相似性系数为7.09%~65.04%（图3-20，图3-21）。在α=0.05的水平上对各站位差异进行显著性分析，各站位可以划分为4个类群。群落Ⅰ包括T1、T2、T3和T8站位，平均相似性为48.78%；群落Ⅱ包括T4、T5、T6和T7站位，两站位的群落相似性为43.14%；群落Ⅲ只有T9站位；群落Ⅳ包括T10和T11站位，两站位的群落相似性达63.71%。

群落Ⅰ和群落Ⅱ的平均差异性为73.72%，主要表征种有纵肋织纹螺、日本褐虾、葛氏长臂虾（三者贡献率共为31.81%）。群落Ⅰ和群落Ⅲ的平均差异性为87.44%，主要表征种有纵肋织纹螺、日本褐虾、葛氏长臂虾（三者贡献率共为31.86%）。群落Ⅰ和群落Ⅳ的平均差异性为73.59%，主要表征种有脉红螺、矛尾虾虎鱼、纵肋织纹螺（三者贡献率共为23.65%）。群落Ⅱ和群落Ⅲ的平均差异性达79.69%，主要表征种有鲻、青鳞小沙丁鱼、日本枪乌贼（三者贡献率共为37.00%）。群落Ⅱ和Ⅳ的平均差异性为79.98%，主要表征种有矛尾虾虎鱼、脉红螺、口虾蛄（三者贡献率共为34.56%）。群落Ⅲ和群落Ⅳ的平均差异性为90.73%，主要表征种有矛尾虾虎鱼、脉红螺、口虾蛄（三者贡献率共为31.18%）。

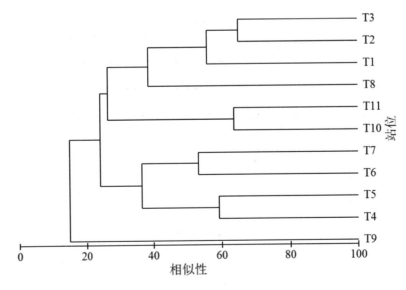

图3-20　2017年11月黄河三角洲潮下带和近岸浅海大型底上动物群落聚类分析

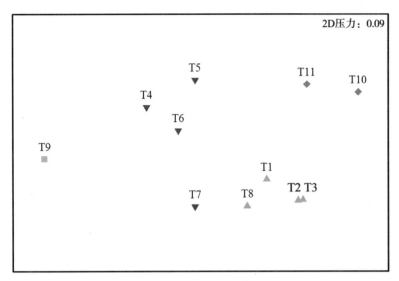

图3-21 2017年11月黄河三角洲潮下带和近岸浅海大型底上动物群落MDS分析

五、结论

综合分析2016年8月、2016年11月、2017年5月、2017年8月、2017年11月采样数据，主要结论如下：

（一）物种组成

2016—2017年5个航次，在黄河三角洲潮下带和近岸浅海共获得大型底上动物110种，隶属于8个动物门12纲35目68科93属。其中，鱼类36种，占总物种数的32.73%；软体动物34种，占30.91%；甲壳动物37种，占33.64%；棘皮动物2种，占1.82%；其他动物1种，占0.91%。黄河三角洲潮下带及近岸浅海物种组成以甲壳动物、软体动物和鱼类为主，3个主要类群在总种数上并无较大差距，但在空间分布上，甲壳动物更为常见。

（二）优势种

5个航次黄河三角洲潮下带和近岸浅海共发现优势种19种。其中，软体动物4种，甲壳动物11种，鱼类4种。优势种的组成存在较明显的时空差异，软体动物以纵肋织纹螺、中国蛤蜊和扁玉螺为主，甲壳动物以脊尾白虾、黄海褐虾、葛氏长臂虾、豆形拳蟹、日本拟平家蟹为主，鱼类以矛尾虾虎鱼为主。在优势种空间分布上，软体动物在大汶流的T2、T3和黄河口的T7、T8站位分布较多，甲壳动物在大汶流的T2、T3和黄河口的T5、T6站位分布较多，鱼类在大汶流的T3和黄河口的T5、T6、T7站位分布较多。

（三）生物量和丰度

5个航次黄河三角洲潮下带和近岸浅海的平均生物量是1.44 g/m²，平均丰度是0.48个/米²。生物量和丰度的空间分布整体呈现出黄河三角洲南部海域的生物量和栖息密度高于三角洲北部海域，大汶流最高，黄河口次之，一千二最低。具体表现在大汶流的T2、T3和黄河口的T5、T6站位的生物量和丰度相对较高。

（四）多样性指数

2016—2017年黄河三角洲潮下带和近海拖网5个航次的丰富度指数（d）平均为1.46，均匀度指数（J'）为0.64，多样性指数（H'）为1.81。由于黄河口及其附近海域环境复杂，每个航次不同站位的多样性指数和丰富度指数相差较大，但航次之间的变化较不明显，均匀度指数无论在同一航次站位之间还是不同航次之间都相差较小。大汶流的T3、T4和一千二的T10丰富度指数相对较高。大汶流的T4站位均匀度指数相对较高。大汶流的T1、T2，黄河口的T7以及一千二的T11站位多样性指数相对较高。

黄河三角洲近岸浅海大型底栖动物的分布特征受到各种环境因素和人类活动如捕捞强度的影响。黄河三角洲南部海域的生物量和栖息密度高于三角洲北部海域。黄河入海河口现位于三角洲南部，而沿岸海域底栖动物的生物量和栖息密度与黄河径流大量冲积入海的有机物质有关，河口附近海域拥有较高的生物量。在夏、秋季径流量较高，有机物质较多的时期，河口附近生物量和栖息密度较高，反之冬、春季较低。

近几十年来，黄河口海域生态系统正经历剧烈的变化。特别是黄河口海域受到黄河及沿岸多条河流径流量减少的影响，同时该区域石油、天然气资源丰富，海上运输及溢油的频发也给该海域造成了巨大的生态压力。人类活动引发的环境与生态问题愈加严重，许多研究显示黄河口底栖生态系统衰退严重。对比历史资料发现，黄河口海域生物多样性有降低趋势，许多高经济价值物种的优势种地位削弱甚至丧失，而低经济价值的物种占据比例逐步增大。虽然研究表明现在黄河口海域的大型底栖动物群落结构处于相对稳定的状态，但物种较为单一，优势种占比较高，生物分布不够平衡，该海域的生态系统依旧十分脆弱。因此，黄河口海域需要长期且完善的保护措施，以便该海域的生态健康恢复到较高水平。

第三节 潮下带和近岸浅海大型底上动物资源的季节变化

由于黄河三角洲潮下带和近岸浅海历史资料缺乏，我们仅根据2016年和2017年5个月的调查数据分析该区域大型底上动物资源的季节变化情况。

黄河三角洲潮下带和近岸浅海大型底上动物总物种数在2016年和2017年各月有所波动，但变化幅度不大。总种数2016年8月最高，其次为2016年11月、2017年11月和8月，2017年5月最低。各主要类群也存在季节性变化：甲壳动物物种数两年内基本保持稳定，以2016年11月物种数最高，2017年8月最低；软体动物在2016年8月的物种数最高，2017年5月最低；鱼类物种数波动幅度较大，2016年8月的物种数最高，2017年5月最低；棘皮动物在各月物种数均较少（图3-22）；其他动物只在2016年11月出现。

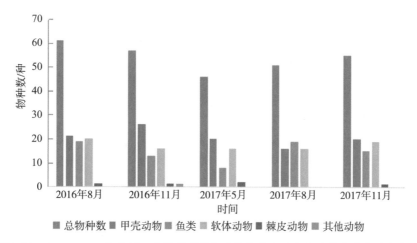

图3-22 2016—2017年黄河三角洲潮下带和近岸浅海大型底上动物物种数季节变化

黄河三角洲潮下带和近岸浅海大型底上动物总优势种数在各月波动，且幅度较大（图3-23）。总优势种数2016年8月最高，其次为2017年5月、11月和2016年11月，2017年8月最低。各主要优势种类群也存在季节性变化，甲壳动物在各月均为优势类群，但物种数各月变化较大，在2016年8月最高，在2017年8月最低；鱼类除了在2016年8月较高，其他各月较少且物种数相差不大；软体动物在2016年8月和2017年5月较高，而在

2016年11月和2017年8月较低。棘皮动物在2016年和2017年各月皆不是优势种。

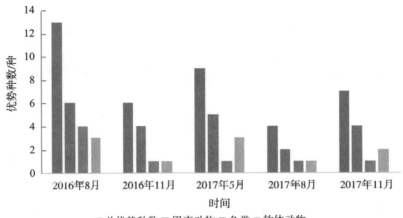

图3-23　2016—2017年黄河三角洲潮下带和近岸浅海大型底上动物优势种数季节变化

2016年—2017年5个月的调查发现，黄河三角洲潮下带及近岸浅海大型底上动物平均丰度为0.48个/米^2，平均生物量是1.44 g/m^2，季节变化明显。

大型底上动物总平均丰度及各类生物平均丰度波动明显（图3-24）：2017年8月的总平均丰度最高，因为该月采集到大量甲壳动物，而甲壳动物平均丰度在其他月较低；软体动物在2017年5月平均丰度最高，2016年8月次之，其他月较低；鱼类平均丰度在2017年8月最高，其他月较低；棘皮动物平均丰度在各年各月都很低，波动变化不明显；其他动物只在2016年11月出现过。

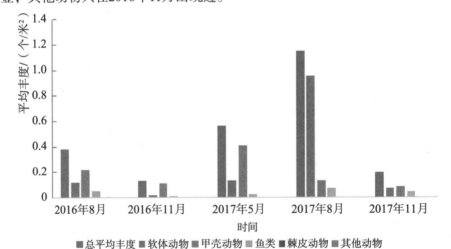

图3-24　黄河三角洲潮下带和近岸浅海大型底上动物丰度季节变化

对2016年和2017年各月大型底上动物丰度间的Bray-Curtis相似性系数计算（图3-25）。在α=0.05的水平上对各站位差异进行显著性分析，各站位可以划分为3个组

（图3-26）。组Ⅰ为2017年8月；组Ⅱ为2016年11月；组Ⅲ包括2016年8月、2017年5月和2017年11月，该组平均相似性为81.84%，甲壳动物贡献率为41.88%，软体动物贡献率为34.96%，鱼类贡献率为21.32%。

组Ⅰ和组Ⅱ的平均差异性为50.45%，软体动物贡献率为79.51%，鱼类贡献率为14.77%。组Ⅰ和组Ⅲ的平均差异性为34.62%，软体动物贡献率为73.69%，甲壳动物贡献率为16.51%。组Ⅱ和组Ⅲ的平均差异性达30.32%，软体动物贡献率为43.79%，甲壳动物贡献率为32.74%，鱼类贡献率为20.55%。

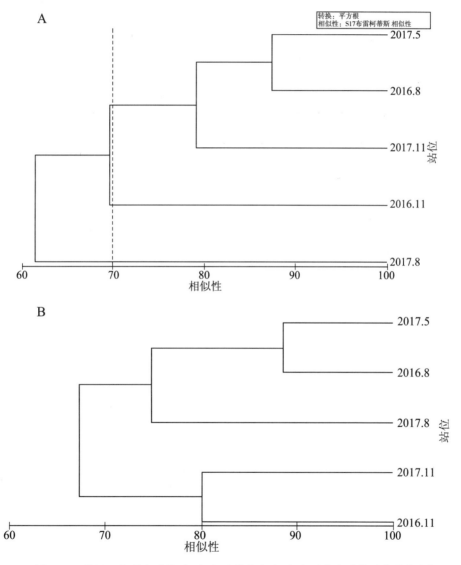

图3-25 黄河三角洲潮下带（A）和近岸浅海（B）大型底上动物群落聚类分析

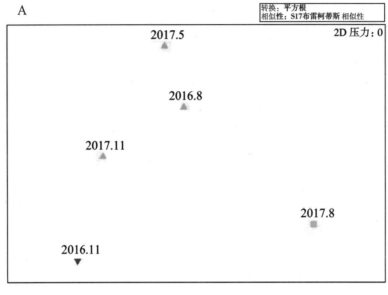

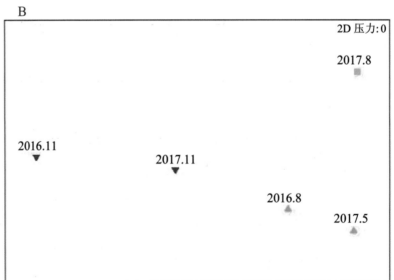

图3-26　黄河三角洲潮下带（A）和近岸浅海（B）大型底上动物群落MDS分析

大型底上动物总平均生物量各月相差较大（图3-27），且2017年各月平均生物量明显高于2016年。其中，软体动物在2017年11月平均生物量最高，在2016年8月最低；甲壳动物平均生物量在2017年5月最高，在2017年各月都较高，在2016年8月最低。鱼类平均生物量在2017年8月和11月较高，在2016年8月、2016年11月和2017年5月较低；棘皮动物和其他动物平均生物量在各年各月都很小，且没有明显变化。

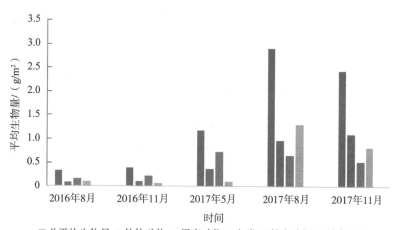

图3-27 黄河三角洲潮下带和近岸浅海大型底上动物生物量季节变化

对2016年和2017年各月大型底上动物生物量间的Bray-Curtis相似性系数进行计算（图3-28）。在α=0.05的水平上对各站位差异进行显著性分析，可以划分为2个组（图3-29）。组I包括2016年8月和2016年11月，平均相似性为90.74%，甲壳动物贡献率为41.68%，软体动物贡献率为29.15%，鱼类贡献率为26.86%；组Ⅱ包括2017年5月、2017年8月和2017年11月，平均相似性为78.93%，甲壳动物贡献率为38.77%，软体动物贡献率为36.66%，鱼类贡献率为24.42%。

组I和组Ⅱ的平均差异性为40.87%，软体动物贡献率为39.54%，鱼类贡献率为32.09%，甲壳动物贡献率为26.68%。

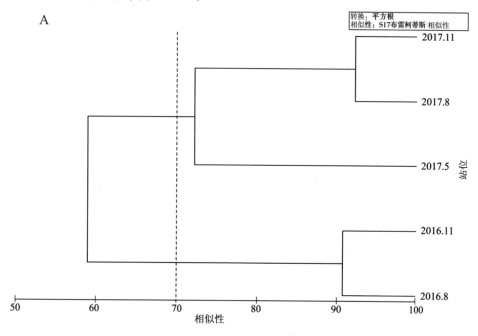

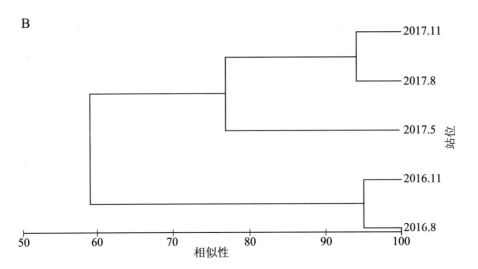

图3-28 黄河三角洲潮下带（A）和近岸浅海（B）大型底上动物群落聚类分析

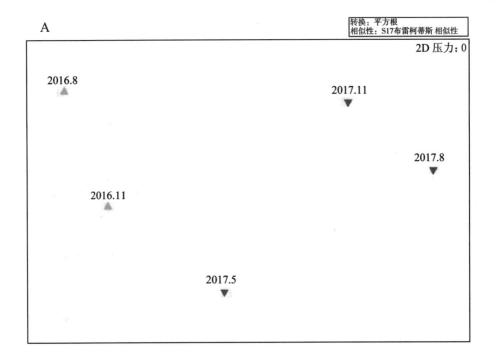

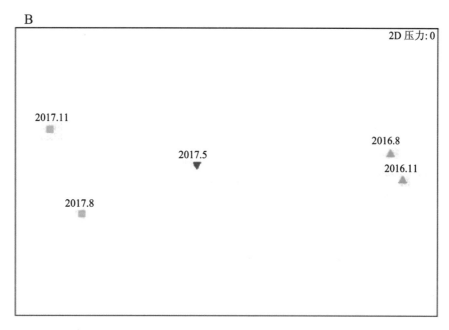

图3-29 黄河三角洲潮下带（A）和近岸浅海（B）大型底上动物群落MDS分析

第四节 潮下带和近岸浅海大型底上动物资源变动的成因分析

河口区是河流因素和海洋因素强弱交替相互作用的独特海区，连接着大气圈、岩石圈、水圈和生物圈，是物质和能量重要的收敛发散区。同时，受人类活动和自然界的双重影响，河口区又是一个较为脆弱的生态系统。长久以来人们对海洋资源取之不竭的错误认识，使海洋资源遭到了无序、无度和无偿的开发利用。

黄河口处于莱州湾和渤海湾的交汇处，黄河径流为其带来了大量的营养盐和泥沙，河口区自然资源十分丰富，为渔业资源生物生存提供了条件。近十几年来，黄河入海径流量锐减，甚至出现断流现象，导致河口区淡水及营养盐来源缺失，又加之过度捕捞、海洋污染等人类活动加剧，使海域渔业资源群落发生了较大的变化，渔业资源向小型低质化、低龄化方向演变（孟新翔等，2019；Jin et al.，2004；张旭等，

2009）。朱鑫华等（2001）指出黄河口海域渔业资源出现密度降低、生殖群体结构小型化等现象。而且，自1952年以来，该海域赤潮频繁发生。开展黄河口水域渔业资源养护和管理，需要进行必要的科学调查以查明资源状况。

2016—2017年，黄河口潮下带和近岸浅海调查中共采集大型底栖动物109种。其中，鱼类35种，软体动物34种，甲壳动物37种，棘皮动物2种，其他动物1种。物种数在年际间季节间有所波动，且波动幅度不大，但优势种的空间分布差异明显；生物量和丰度也表现出明显的季节空间差异。本次调查捕获鱼类35种，仅为1982—1985年捕获鱼类种数的30.70%，为1992—1993年捕获鱼类种数的47.92%，若考虑调查网具及采样站位区域差异，种类可能略有不同。

自20世纪50年代以来，莱州湾及黄河口水域的鱼类优势种发生了很大的变化。其中，1959年，优势种以带鱼、小黄鱼为主；1982—1985年，优势种为黄鲫、黑鳃梅童鱼、鳀和小黄鱼；1992—1993年，鳀为绝对优势种；1998年，赤鼻棱鳀和黄鲫占较大优势，鳀仅在春季为优势种，黄鲫在春、夏、秋季都为优势种（孙鹏飞等，2014；Jin et al.，2000；Deng，1998；Deng et al.，1988；Zhu et al.，1996；Deng et al.，1988）。目前，莱州湾及黄河口水域渔业资源主要优势种群按黄鲫→鳀→赤鼻棱鳀顺序朝着更加小型化方向演替（Jing et al.，2000）。本次调查中鱼类优势种主要为矛尾虾虎鱼、鳀、青鳞小沙丁鱼等小型鱼类，春、秋季也存在斑鰶、莱氏舌鳎、鮻等较大的经济类群。研究结果与莱州湾及黄河口近海调查结果及1995年《黄河三角洲自然保护区考察集》数据相比，小型化趋势更加明显。当然这些差异可能也与网具结构及调查区域不同有关，本书的调查研究区域为黄河三角洲自然保护区近岸浅海区域，与莱州湾及黄河口近岸区域本身鱼类种群上存在差异。本次调查软体动物和甲壳动物物种种类相对丰富，优势种经济类群较多，鱼类调查结果与历史数据相比没有明显差异。

过度捕捞和环境退化能够影响生物群落生态系统恢复力和完整性，降低生态系统的稳定性，导致渔业资源结构发生演替（Ryder et al.，1981）。近年来选择性的商业过度捕捞使该水域经济鱼类迅速减少，超过其资源的再生能力，造成渔业资源严重衰退。由于大型经济鱼类减少，并且春、夏季洄游性鱼类到达该水域的数量较少（Jin et al.，2005），小型鱼类特别是底层鱼类被捕食的机会减少，使其数量迅速增加，成为该水域的优势种。在捕捞过程中，由于兼捕大量副渔获物，对海域的生物多样性产生严重影响。另外，黄河上游水利工程建设对径流量的调节、沿岸经济发展带来的陆源污染、滩涂和浅海养殖工程建设以及陆上和海上油田开发造成的近岸栖息地物理环境的破坏都对黄河三角洲渔业资源产生了重要的影响。

（一）环境变迁对黄河口海域渔业资源的影响

黄河口近海水域环境质量已发生很大变化，黄河口海域水体磷酸盐含量严重超标，呈富营养化，石油类轻度污染（张旭等，2009；《2018年中国海洋生态环境状况公报》），导致黄河口海域环境变差的原因复杂。首先，黄河径流量的减少甚至断流对黄河口海域环境变化起着至关重要的作用（张旭，2009；李凡等，2001；高振会等，2003）。黄河淡水是这一海域的命脉，每年携带大量的淡水和营养物质注入，给各种水生生物提供了必需的生存条件。其次，沿岸工厂污水、养殖废水、生活废水、农田污水等不断注入河口区，使河口及附近海域的各种水化学指标超标，从而威胁到生物生存，降低了海域内浮游生物物种的数量和丰度，而浮游生物是黄渤海渔业生物赖以生存的食物来源，其变化将直接影响到河口海域渔业生物结构。

渔业生物结构与外界环境条件如水温、盐度、营养盐和初级生产力等因素密切相关。每种生物的生长、发育和繁殖都要在适宜的条件下才能进行。黄河口海域属河口区，渔业生物群落组成结构复杂，有淡水型、半咸水型、沿岸型和近海型。近岸鱼类适应于高温、低盐且多变的环境，长距离洄游性鱼类适应于低温、高盐且稳定的环境。外界环境发生变化，游泳生物则会游离该海域，趋向利于自己生存的海域移动。焦玉木（1998）指出黄河断流引起河口海域水温降低及盐度升高，产生一系列的后果，如减少了河口海域鱼卵、仔稚鱼的种类和数量；改变了海洋洄游鱼类的生境，大量洄游鱼类游移他处；截断了刀鲚、鳗鲡等河道洄游鱼类生殖繁衍的通道。据报道，历年检测结果显示，盐度增加缩小了适宜低盐环境生物的生存范围，导致其种类减少和密度降低。马媛（2006）系统研究了黄河径流的变化对黄河口海域浮游生物、鱼类、底栖生物的影响，指出保持基本的径流量是保证鱼类正常繁殖发育的首要基本条件之一。河口区生物间是通过相互交织的食物链进行联系的，底层营养级发生了变化，将会影响上层营养级的种类和数量。

（二）捕捞活动对黄河口海域渔业资源的影响

渔业资源的衰退是多方面原因共同作用的结果，其中，环境胁迫对渔业资源的影响毋庸置疑，而过度捕捞的作用则是根本原因。Ryder等（1981）指出在世界范围内，捕捞强度大大超过了渔业资源的再生能力，导致群落丧失了恢复力。捕捞活动对海洋生物的影响是多方面的。对底层鱼类的影响，是在捕捞目标种类的同时，兼捕非目标种类和改变底栖生境，进而引起其生物量、种类组成、多样性的变化。对于整个生态系统，捕捞活动会降低海洋食物网等级，影响营养级结构。全球海洋渔获物营养级由20世纪50年代初的3.3下降到1994年的3.1（Pauly et al., 2000）。

综上所述，随着人们对资源的不断开发利用及近岸生态环境的不断恶化，黄河口海域渔业资源已经呈现出充分利用或过度捕捞的态势，群落多样性降低，小型中上层种类成为主要渔获种类，个体呈现小型化、低质化和提前性成熟现象。因此，采取措施合理利用黄河口海域渔业资源、保护海域生物多样性和生态环境成为当务之急。

第四章
黄河三角洲底栖生态健康评价分析

第一节 底栖生态健康评价方法

自然界中，各种生物相互依存制约而保持平衡。在自然状态下，生物群落结构稳定，生态系统健康；当环境受到污染或干扰时，生活在这种环境中的生物会受到影响，栖息密度会有所下降、生长发育繁殖受到损伤等，将会导致群落结构变化，生态系统失衡（范振刚，1978）。生物群落结构的变化能够反映生态系统健康状况，这是生物环境指示作用研究的理论基础（蔡文倩等，2015）。底栖生物指数是将生态系统中的各种元素提炼成单一的数值，并整合相关的生态信息全面地展示生物完整性状态，描述综合压力对环境的影响，评价生态环境质量现状。一个合理的生物指数必须与生物完整性相关，适用广泛，可行性高，具有明确的参考状态，能检测早期的环境退化并响应引起生态系统退化的环境压力（Martinezcrego et al.，2010）。

生物指数从采用的指标数量可分为三大类：一是描述物种资料或者群落结构参数指标的单变量方法，如丰度/生物量比较曲线（ABC曲线）、香农维纳多样性指数；二是多个指标结合群落压力响应指标融合成的单个指数，如AZTI海洋生物指数（AMBI）、底栖生物完整性指数（B–IBI）等64种；三是描述聚类模式的多变量方法，包括模型，如底栖响应指数、多维尺度分析、典范对应分析（CCA分析）、多元AZTI海洋生物指数（M–AMBI）等（Borja et al.，2008）。

目前，世界上常用的生物指数主要有AMBI、M–AMBI、B–IBI、生物性状分析BTA（Lerberg et al.，2000）、摄食均匀度指数j_{FD}（Peng et al.，2013）等。这些指数能够响应多种环境压力，客观地评价生态环境质量，已在世界各地得到较为成功的应用（蔡文倩等，2015）。

面对如此多的指数，底栖生态健康评价时指数的适用性问题困扰显而易见。2008年，Borja提到我们现在更重要的是对已存在指数适用性的分析而不是发明新的指数（Borja et al.，2008）。近年来对于这些常用指数的比较和适用性的分析并不鲜见，研究发现j_{FD}与BTA高度相关（Gamito et al.，2012），且其评价结果与Shannon–Weiner多样性指数、生物营养指数ITI、AMBI、M–AMBI的基本一致（Gamito et al.，2009），且均已被证实适用于渤海湾生态质量状况评价（Cai et al.，2014；Peng et al.，2013；蔡文倩等，2016）。但是，在底栖生态健康评价时，具体指数的选择要视区域和数据而定，Borja（2008）使用IBI、AMBI和M–AMBI指数在评价美国切萨皮克湾生态健康状况时，各指数评价结果基本一致。Luo等（2016）对 Shannon–wiener 指数、AMBI和M–AMBI指数在黄河口的适用性比较发现，M–AMBI与环境压力梯度数据的相关最强，M–AMBI指数较其他两种指数更能区分底栖状况的退化状况。Tran等（2018）分析了Shannon–wiener 指数、AMBI 和M–AMBI指数在越南湄公河三角洲区域的适用性，发现Shannon–wiener 指数对环境扰动的敏感性更强，M–AMBI次之，AMBI敏感性最弱。同时给出三种指数分析差异性的原因在于 Shannon–wiener 指数关注的是物种的数量而不是具体物种，而AMBI指数取决于每个物种的特性以及该物种在调查站位的丰度，M–AMBI指数是整合AMBI、物种丰富度和 Shannon–wiener 指数的因子分析得出的，所以M–AMBI指数得出的数值大小介于其他两个指数中间，更能全面地反映生态质量状况。本书的研究区域为黄河三角洲区域，根据Luo等（2016）的调查基础我们选择运用M–AMBI指数对调查区域的底栖健康状况进行分析。

第二节 AMBI 和 M–AMBI 生物指数

AMBI和M–AMBI的计算软件通过AZTI中心网站（http://www.azti.es）获得，底栖动物可以通过该网站上公布的种类名录的最新数据（2010年12月）查到其生态组。当数据库中未查到某一生物相应的生态组时，应该将其与已经分组的同一科或者同一属的物种归到同一组，必要时参照此生物的生态习性进行划分（即专家意见）。根据这两个指数数值的分布状况，开展底栖生态健康评价研究。

采用AMBI 5.0（http://www.azti.es）计算AMBI和M–AMBI数值。按照2012年3月的物种列表并参照专家意见，根据三项调查中的各种底栖动物对环境变化敏感度的不同，将其分为不同的生态组。在AMBI的基础上，设定M–AMBI的阈值如下："优">0.77；"良好"为0.53～0.77；"中等"为0.39～0.53；"较差"为0.20～0.39；"差"<0.20，非底栖无脊椎动物（non–benthicinverteb–ratetaxa）（鱼和巨型动物）除外。

黄河三角洲M–AMBI参考状态的设置采用以下方法，即参考该区域调查结果中的AMBI最小值、多样性指数（H'）的最高值和丰富度指数S的最高值，并将上述多样性指数和丰富度指数各乘以115%，即：AMBI=0，多样性指数=5.45，丰富度指数=41。

差状态为：AMBI=6，多样性指数=0，丰富度指数=0，表明人类活动对该地区产生了重大影响。

第三节　黄河三角洲底栖生态健康评价

2016—2017年黄河三角洲底栖生态健康评价如下所示。

1. 2016年8月

2016年8月，23个站位的AMBI平均值为3.10±1.56，生物多样性指数平均值为1.51±0.93（变化范围为0~3.52），丰富度指数平均值为5.17±3.17（变化范围为1~13）（图4-1）。其中14个站位的AMBI评价结果的可信度在可接受范围以内，9个站位的未定物种数的比例大于20%不能接受。14个站位中，2个站位（C7-1、C9-1）未受干扰（14.29%），6个站位（C3-2、C3-3、C4-3、C8-3、C9-3、C10-2）受到轻微干扰（42.86%），4个站位（C1-2、C5-1、C9-2、C10-1）受到中等程度干扰（28.57%），2个站位（C1-3、C7-3）受到严重干扰（14.29%）。

综合考虑多样性指数的M-AMBI的评价结果显示，4个站位处于"良好"状态（28.57%），3个站位处于"中等"状态（21.43%），6个站位处于"较差"状态（42.86%）。这说明黄河三角洲底栖生态健康状况整体较差，处于"较差"至"良好"的状态。

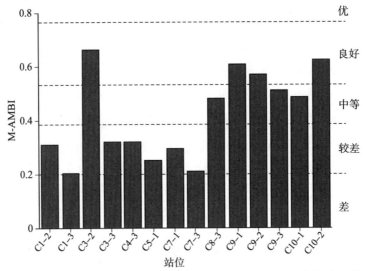

图4-1　2016年8月基于M-AMBI指数的黄河三角洲底栖生态健康评价

2. 2016年10月

2016年10月，30个站位的AMBI平均值为3.69±1.91，生物多样性指数平均值为1.09±0.81（变化范围为0~2.60），丰富度指数平均值为3.87±2.92（变化范围为1~11）（图4-2）。其中17个站位的AMBI评价结果的可信度在可接受范围以内，13个站位的未定物种数的比例大于20%不能接受。17个站位中，1个站位（C6-2）未受干扰（5.88%），8个站位（C2-3、C5-3、C6-1、C7-1、C8-2、C10-1、C10-2、C10-3）受到轻微干扰（47.06%），8个站位（C1-3、C2-2、C3-3、C5-2、C8-1、C9-2、C9-3、C11-1）受到中等程度干扰（47.06%），1个站位（C6-3）受到严重干扰（5.88%），1个站位（C7-2）受到极严重干扰（5.88%）。

综合考虑多样性指数的M-AMBI的评价结果显示，1个站位处于"优"状态（5.88%），4个站位处于"良好"状态（23.53%），4个站位处于"中等"状态（23.53%），6个站位处于"较差"状态（35.29%），2个站位处于"差"状态（11.76%）。这说明黄河三角洲各站位底栖生态健康状况较差，从"差"到"优"都有所分布，大部分站位处于"较差"到"良好"状况。

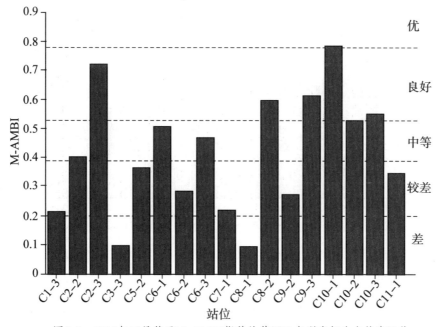

图4-2 2016年10月基于M-AMBI指数的黄河三角洲底栖生态健康评价

3. 2017年5月

2017年5月，32个站位的AMBI平均值为2.54±1.33，生物多样性指数平均值为

1.69±0.67（变化范围为0.43～3.29），丰富度指数平均值为5.75±2.79（变化范围为2～14）（图4-3）。其中23个站位的AMBI评价结果的可信度在可接受范围以内，其他站位的未定物种数的比例大于20%不能接受。23个站位中，4个站位（C2-3、C9-3、C11-1、C11-3）未受干扰（17.39%），13个站位（C1-1、C1-3、C2-1、C3-1、C4-3、C5-1、C6-1、C8-1、C8-2、C10-1、C10-2、C10-3、C11-2）受到轻微干扰（56.52%），4个站位（C1-2、C3-2、C8-3、C9-1）受到中等程度干扰（17.39%），2个站位（C6-3、C9-2）受到严重干扰（8.70%）。

综合考虑多样性指数的M-AMBI的评价结果显示，1个站位处于"优"状态（4.35%），3个站位处于"良好"状态（13.04%），15个站位处于"中等"状态（65.22%），3个站位处于"较差"状态（13.04%），1个站位处于"差"状态（4.35%）。这说明黄河三角洲各站位底栖生态健康状况差异较差，从"差"到"优"都有所分布，大部分站位处于"中等"状况。

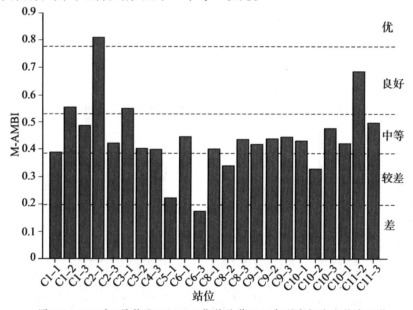

图4-3　2017年5月基于M-AMBI指数的黄河三角洲底栖生态健康评价

4. 2017年8月

2017年8月，30个站位的AMBI平均值为1.52±1.29，生物多样性指数平均值为1.40±0.75（变化范围为0～2.63），丰富度指数平均值为5±3.28（变化范围为1～12）（图4-4）。其中17个站位的AMBI评价结果的可信度在可接受范围以内，12个站位的未定物种数的比例大于20%不能接受，1个站位的物种数少于3，结果不可信。17个站位中，6个站位（C1-2、C3-2、C7-2、C7-3，C9-2、C10-3）未受干扰（35.29%），11个站位（C1-1、C1-3、C2-1、C2-3、C4-2、C7-1、C8-1、C8-2、C9-3、C11-1、C11-3）受到轻微干扰（64.71%）。

综合考虑多样性指数的M-AMBI的评价结果显示，2个站位处于"优"状态（11.76%），6个站位处于"良好"状态（35.29%），7个站位处于"中等"状态（41.18%），2个站位处于"较差"状态（11.76%）。这说明黄河三角洲各站位底栖生态健康状况整体较好，大部分处于"中等"到"良好"状况。

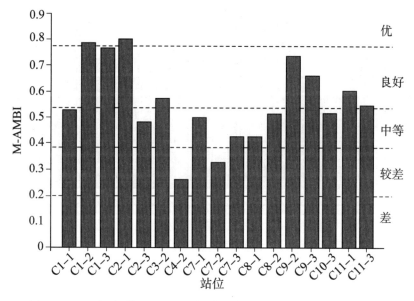

图4-4 2017年8月基于M-AMBI指数的黄河三角洲底栖生态健康评价

5. 2017年11月

2017年11月，32个站位的AMBI平均值为2.23±1.28，生物多样性指数平均值为1.32±0.71（变化范围为0.10~2.38），丰富度指数平均值为5.44±2.95（变化范围为2~12）（图4-5）。其中31个站位的AMBI评价结果的可信度在可接受范围以内，1个站位的未定物种数的比例大于20%不能接受，结果不可信。31个站位中，9个站位（C3-2、C3-3、C4-2、C4-3、C5-2、C6-2、C11-1、C11-2、C11-3）未受干扰（29.03%），14个站位（C2-1、C2-2、C2-3、C3-1、C4-1、C5-1、C5-3、C6-3、C7-1、C8-1、C8-2、C9-1、C9-3、C10-3）受到轻微干扰（45.16%），8个站位（C1-1、C1-2、C1-3、C6-1、C7-3、C8-3、C9-2、C10-2）受到中等干扰（25.81%）。

综合考虑多样性指数的M-AMBI的评价结果显示，3个站位处于"优"状态

（9.68%），6个站位处于"良好"状态（19.35%），10个站位处于"中等"状态（32.26%），12个站位处于"较差"状态（38.71%）。这说明该航次调查黄河三角洲各站位底栖生态健康状况较差，大部分处于"较差"到"中等"状况。

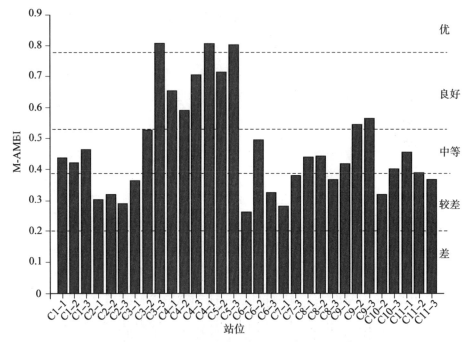

图4-5　2017年11月基于M-AMBI指数的黄河三角洲底栖生态健康评价

第四节　黄河三角洲底栖生态健康的
影响因素和保护对策

海洋生态系统健康是指海洋生态系统的综合特征，用以描述海洋的状态或状况。为了保持海洋的健康和可持续发展，海洋生态系统必须维持其一定的代谢活动水平、内部结构和组织，并且能够抵抗各种时空尺度上的压力。

黄河入海口属于典型的近岸型海洋环境生态系统，气候温和。黄河及其他河流携带大量无机营养盐和有机物质入海，使得河口及其附近海域含盐度低、含氧量高、有机质多、饵料丰富，形成了适宜于海洋生物生长、发育的良好生态环境，是整个渤海湾最适合海洋生物栖息、生长和繁殖的水域，为鱼、虾、蟹、贝类的生长提供了良好条件。该区域是海洋贝类的重要栖息地，也是鱼、虾、蟹类等主要海洋经济生物产卵、育幼及索饵的场所，盛产东方对虾及各种鱼类和贝类。但近年来，由于黄河淡水输入量的逐年减少，黄河入海口地区表层海水的盐度与40年前相比，大约升高了1/4（纪大伟，2006）。黄河入海口海区表层盐度的增加，使一些适宜低盐度环境生长发育的海洋生物难以适应，一些鱼类产卵数量明显减少。入海淡水的减少也导致河口营养物入海量下降，海洋初级生产力水平降低。

一、黄河三角洲底栖生态健康的影响因素

1. 黄河来水量与输沙量的减少

黄河来水量、输沙量的减少直接造成三角洲海岸变化加剧，引起河口及邻近海岸线的强烈侵蚀。1855年以来，平均每年形成21.3 km^{2}的新滩涂（国家海洋局北海监测中心数据）。1986—1996年，黄河三角洲个别区域侵蚀加剧，面积反而减少，平均每年减少将近26 km^2。未来海平面加速上升，加上河流入海泥沙量的继续减少，将使黄河三角洲，尤其是湿地的侵蚀后退更趋严重。

2. 海水盐度的变化

黄河口及邻近海域海水盐度在40多年间发生了明显的变化，黄河口西北部和南部营养盐受黄河冲淡水影响，营养盐数量在逐年减少，且河口以外海域磷酸盐已成为浮游生物增值的限制因素（纪大伟，2006）。黄河口及邻近海域无机氮丰富，缺乏无机磷，无机磷往往成为海域初级生产力的限制因子。浮游生物群落结构的变化，必然导致大型底栖动物群落的变化。

3. 黄河断流和过度捕捞

黄河断流、环境污染和过度捕捞等多重压力，使黄河口这一独特的海洋生态系统受到影响，在一定程度上改变了附近海域的浮游生物群落结构。黄河及邻近海域盐度升高、水温下降、磷缺乏加剧，改变了部分物种的竞争力，破坏了种间平衡，直接影响了海域的初级生产力，致使黄河口渔业资源衰退严重。黄河是该海域无机磷输入的重要来源。在受断流包括径流量锐减影响较重的春季，附近海域磷缺乏状况将进一步加剧，春季初级生产力随之下降，浮游植物细胞数量比20世纪80年代下降近1个数量级（纪大伟，2006）。浮游动物间接影响海洋水产资源的增殖。盐度升高、水温下

降，将改变部分物种的竞争力，打破种间平衡。浅海温度、盐度发生变化，将直接影响多种经济生物的数量分布，进而影响经济生物利用有限水域空间和种间生态平衡。

4. 人为开发力度加大

黄河三角洲湿地生态系统经常受到因断流或改道引起的输水量、输沙量减少，岸线变化、海水入侵等自然因素的影响，再加上这几年三角洲开发力度加大，认识和规划管理滞后等人为因素影响，已经造成湿地面积逐年减少、生物物种减少、生态连通性降低（刘玉斌等，2019）。生物多样性是人类赖以生存的条件，也是实现社会经济可持续发展的基础。而生态连通性的降低反映了人类活动和自然因素双重干扰下，黄河三角洲海岸带生态系统格局及其物质、能量、生物、信息流等的变化（刘玉斌等，2019）。黄河三角洲湿地生态系统正受到来自各方面的威胁，已经变得很脆弱，而且有些影响能使该生态系统发生不可逆的变化，应当引起人们的足够重视。

5. 赤潮大面积爆发

赤潮是海水中某些微小的微型藻、原生动物或细菌在一定的环境条件下，爆发性增殖或聚集在一起而引起水体变色的一种生态异常现象。赤潮常在春、夏季发生于河口、海湾内，覆盖面积从数十平方千米到数百平方千米，持续时间从数日到数月。东营市沿海自20世纪50年代就已发生过赤潮，随着污染的加重，近几年来出现赤潮的频度有增无减。赤潮的大面积爆发可能与该海域的硅酸盐和无机氮含量的大幅度增加有关。赤潮已成为黄河口海洋生态系统的严重灾害之一。

6. 互花米草入侵

互花米草是1990年底基于保护滩涂、减少侵蚀的目的引入黄河三角洲区域。由于缺乏天敌及生境的适应性，互花米草在该区域快速扩张。这种大面积的入侵，对黄河三角洲潮间带生态系统造成了严重的影响。

二、黄河三角洲底栖生态健康保护对策和建议

黄河口海域处于纬度较高的地域，季节变化明显。夏季海域水温较高，适宜暖温性和暖水性生物栖息和繁殖；冬季海域水温较低，适宜喜低温环境的生物栖息和繁衍。其优越的生态环境使其成为多种重要生物资源产卵、索饵和栖息的场所（邓景耀等，2000；朱鑫华等，2001）。随着人们不断的开发利用及近岸生态环境的不断恶化，黄河口海域渔业资源已经被充分利用或过度捕捞，小型中上层种类成为主要种类，渔获种类呈现小型化、低质化和提前性成熟现象，群落多样性降低。为合理利用

黄河口海域渔业资源、保护海域生物多样性和生态环境，基于我们的研究结果提出以下几点建议。

1. 严格控制陆源污染

海洋环境是水生生物赖以生存的外界条件，控制和消减陆源污染是保护黄河口海域生物多样性的前提和基础。如果污染得不到有效的控制，增殖放流等措施都难以有所成效。首先，充分认识到海洋污染的危害，认清保护海洋环境的重要性和紧迫性，增强各级海洋环保意识。其次，控制排污总量，加强对陆地污染源的整治和管理。对沿岸企业，严格控制其排污量并要求其购置污水净化系统；对于养殖污水，因其有机物含量过高，排出前应先采用加入光合细菌、海藻等方法进行除污；对于已被污染的海域，尽早采取有效且无害的方法进行污水处理，如利用微生物降解转化水体中的污染物；同时，严格禁止向海洋排放生活污水和倾倒垃圾等，建立专门的污水和垃圾处理厂。

2. 严格控制捕捞强度，制定合理的休渔制度，并严格执行

目前，黄河口海域渔业资源的日渐衰退，而捕捞强度仍在不断增加，海洋捕捞能力过剩问题严重。要严格监督管理和检验捕捞渔船，减少作业船只，坚决取缔"三无"及"三证不全"的渔船；淘汰技术水平低且对近岸渔业资源危害较大的渔船；鼓励扶持大马力渔船发展外海远洋生产；严格控制近岸小型地方性作业网具数量，鼓励渔民由捕捞业向养殖业转型，真正达到降低捕捞压力的目的。

自1995年起，每年5月1日至9月1日，渤海都开展大规模的伏季休渔。然而，休渔制度只是季节性禁止捕捞，使幼鱼得以顺利成长。而开捕后，渔民的捕捞力度会更大。因此，根据黄河口海域的渔业资源状况，应加大宣传力度，使渔民明白休渔制度的重要意义，严格遵守国家的法律法规，休渔期停止所有海上作业方式。

3. 对大型底栖动物资源开展长周期监测

大型底栖动物是海洋生态系统能量流动和物质循环的重要组成部分，其群落结构的长周期变化能够客观地反映海洋环境的特点和环境质量状况，是生态系统健康评价的重要指示生物。因此，其群落结构特征常被用于监测人类活动或自然因素引起的长周期海洋生态系统变化。同时，对大型底栖动物资源开展长周期监测，可使我们准确掌握海洋生物多样性的时空分布格局和变化趋势，以及在海洋经济物种种群的动态变化规律的基础上，提出合理的开发利用和保护措施，为黄河三角洲临近海域生态系统的健康发展提供重要理论依据。

第五章
黄河三角洲物种图谱

本章详细描述了黄河三角洲国家级自然保护区常见物种共计173种，其中多毛类25种，软体动物57种，甲壳动物53种，鱼类34种，其他门类4种。每种均附图片，并详细介绍其别名、分类地位、形态特征、分布与习性和经济意义。

第一节　多毛类

日本刺沙蚕 *Hediste japonica*（Izuka，1908）（图5-1）

别名：海蚕、海虫、凤肠、龙肠、海蚯蚓、海蜈蚣、海蚰蜒、水百脚

分类地位：多毛纲 Polychaeta　叶须虫目 Phyllodocida　沙蚕科 Nereididae

形态特征：体型大，一般体长100～190 mm，宽5～10 mm。体扁平。头部明显，口前叶有2条短触手、2条短粗的触角。眼2对。围口节有4对触须。吻部分为8个区，有圆锥状齿，其中第Ⅴ区无齿。大颚深褐色，有5或6个侧齿。体前部和体中部疣足有3个背舌叶（包括背前刚叶）和1个腹舌叶。体背面呈淡红色或深绿色、黄绿色，腹面呈黄绿色或粉白色。口前叶及体前部背面常有褐色斑。生活个体前端常有褐色斑，体发背面为淡红色或黄绿色，腹面多为粉白色。

分布与习性：本种为日本和我国特有种，在我国沿海均有分布。广盐性，常栖息于河口潮间带和潮下带浅水区的泥沙和软泥底质海底。随涨落潮运动，白天多潜伏，夜间觅食。生殖季节或觅食时，可游泳，有群浮和婚舞的生殖习性。

经济意义：本种在黄河口附近海域的资源量丰富。为了保护该生物资源，于2009年建立了东营广饶沙蚕类生态国家级海洋特别保护区。可食用，可入药，具有舒筋活血、温健脾胃等功效。也可作为鱼、虾、蟹类等的养殖饵料。已开展虾池养殖。

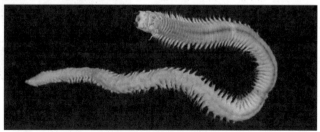

图5-1　日本刺沙蚕

双齿围沙蚕 *Perinereis aibuhitensis* Grube，1878（图5-2）

别名：海蚕、海虫、海蚯蚓、海蜈蚣

分类地位：多毛纲 Polychaeta　叶须虫目 Phyllodocida　沙蚕科 Nereididae

形态特征：体型大，体长约270 mm，或超过300 mm，宽10 mm，有230余刚节。口前叶似梨形。触手稍短于触角。2对眼呈倒梯形排列于口前叶中后部。触须4对，最长者后伸可达第6~8刚节。吻各区有不同数目的颚齿，因个体差异和产地不同。第1、2对疣足单叶型，其余为双叶型。体前部双叶型疣足，上背舌叶近三角形，背腹须须状；体中部疣足上、下背舌叶变尖细，稍长于背须；体后部疣足，明显变小，上、下背舌叶和腹叶变小呈指状。所有背刚毛均为复型等齿

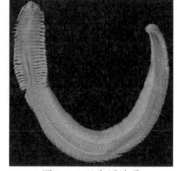

图5-2　双齿围沙蚕

刺状，腹刚毛为复型等齿、异齿刺状和镰状。生活个体呈肉红色或蓝绿色并有闪光。酒精标本呈黄褐色、黄白色、紫褐色或肉红色，多数标本上的背舌叶有咖啡色斑。

分布与习性：本种为热带、亚热带广分布种，在我国见于南北沿海，在韩国、泰国、菲律宾、印度、印度尼西亚沿海都有分布。栖息于潮间带泥沙滩中，是高、中潮带习见的优势种。

经济意义：本种是我国潮间带河口泥沙滩上的优势种，具有较大的资源量，可用作钓饵。目前已开展人工滩涂养殖，是我国出口的沙蚕之一。

深钩毛虫 *Sigambra bassi*（Hartman，1945）（图5-3）

别名：海蚕、海虫、海蚯蚓、海蜈蚣

分类地位：多毛纲 Polychaeta　叶须虫目 Phyllodocida　白毛虫科 Pilargidae

形态特征：体型较小，体长12 mm，宽1 mm，有86个刚节。体细长，背腹扁平。口前叶有缺刻，有3个头触手，其中侧触手较短，仅为中央触手长的1/3。触角2个，端节须状。中央触手比触角长。围口节有触须2对，背触须稍长于腹触须。第1对疣足背须须状，为其后疣足背须长的2倍；第2对疣足无腹须，

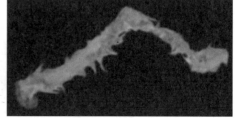

图5-3　深钩毛虫

之后背须为突锥状，背足刺位于背须内，背钩刚毛始于第14~15刚节且外伸。腹刚毛

毛状，有明显的侧齿。尾部有2根细长须状的肛须。酒精标本呈肉黄色或黄色。

分布与习性：本种为广分布种，见于南佛罗里达、北卡罗来纳、加利福尼亚沿海，在我国分布于黄海。栖息于潮间带和浅水区泥沙沉积物中。

囊叶齿吻沙蚕 *Nephtys caeca*（Fabricius，1780）（图5-4）

分类地位：多毛纲 Polychaeta　叶须虫目 Phyllodocida　齿吻沙蚕科 Nephtyidae

形态特征：体型较小，体长210 mm，宽8 mm，有167个刚节。体细长，背中部稍凸，腹面有一浅的中纵沟。口前叶近圆形，有4个乳突状的触手。翻吻呈圆柱状，前缘有22纵排亚端乳突，每排5～6个亚端乳突，无中背乳突。体前部疣足足刺稍伸出足刺叶，体后

图5-4　囊叶齿吻沙蚕

部足刺叶完整无缺刻，足刺前叶退缩不发达，足刺后叶发达，为叶状，尤以腹足刺后叶最发达。鳃始于第4～6刚节。

分布与习性：本种为冷水性环北极种，分布于我国黄渤海。栖息于潮下带沙底中。

加州齿吻沙蚕 *Nephtys californiensis* Hartman，1938（图5-5）

别名：翔鹰齿吻沙蚕

分类地位：多毛纲 Polychaeta　叶须虫目 Phyllodocida　齿吻沙蚕科 Nephtyidae

形态特征：体型较大，体长可达100 mm，宽3.5 mm，近120个刚节。口前叶呈卵圆形，长大于宽，有2对触手。口前叶背面前半部中央有一深色斑，背后半部有一较大的"十"字形色斑，图案似飞鹰，故又名翔鹰齿吻沙蚕。吻有20个分叉的端乳突和2个较小的中央端乳突，

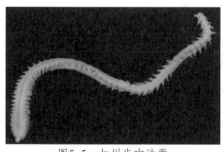

图5-5　加州齿吻沙蚕

吻表面有22纵行乳突，每行有5～6个逐渐变小的乳突，无中背乳突。疣足鳃外弯镰刀形，始于第3刚节，止于体后前几节。背须细长且直，位于鳃旁，基部常有一膨大突起。疣足足刺叶前端有缺刻。体呈浅黄色。

分布与习性：在我国见于南北沿海，在韩国、日本（北海道和本州）、美国（加

利福尼亚）、澳大利亚（昆士兰）等沿海也有分布。多栖息于潮间带清洁的沙滩。

经济意义：本种可用作鱼饵。

多鳃齿吻沙蚕 *Nephtys polybranchia* Southern，1921（图5-6）

别名：海蚕、海虫、海蚯蚓、海蜈蚣

分类地位：多毛纲 Polychaeta　叶须虫目 Phyllodocida　齿吻沙蚕科 Nephtyidae

形态特征：体型较小，一般体长14~20 mm，宽1~2 mm，有50~90个刚节。口前叶呈长方形，前缘平直，后端凹且缩入第3刚节。眼1对，位于口前叶背后缘。有2对小触手。口前叶后部两侧，各有一乳突状的项器。翻吻呈圆柱形，前缘有端乳突，吻表面近前端有22纵行，

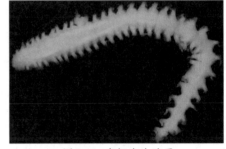

图5-6　多鳃齿吻沙蚕

乳突每行6~7个乳突。疣足双叶型。体中部疣足背足刺叶钝圆锥形；腹足刺叶圆锥形，前、后腹刚叶皆圆且小于腹足刺叶。腹须位于腹足基部，细指状。体前部前足刺叶有梯形毛状刚毛，背、腹后足刺叶有小刺毛状刚毛。

分布与习性：本种为广分布种，见于我国南北沿海，在日本、越南、泰国和印度沿海也有分布。栖息于河口和潮间带下区泥沙底。

经济意义：本种在底栖动物采样调查中常有出现，可用作钓饵。

长吻沙蚕 *Glycera chirori* Izuka，1912（图5-7）

别名：海蚕、海虫、海蚯蚓、海蜈蚣

分类地位：多毛纲 Polychaeta　叶须虫目 Phyllodocida　吻沙蚕科 Glyceridae

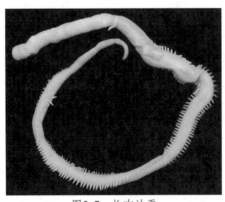

图5-7　长吻沙蚕

形态特征：体型较大，体长350 mm，宽5~9 mm，有近200个刚节。口前叶短，呈圆锥形。吻器分散，呈圆锥形或球形。副颚仅有一长而粗的翅。疣足有2个前刚叶和2个后刚叶；2个前刚叶近等长，基部宽圆，前端突然收缩；背后刚叶与前刚叶相似但稍短，而腹后刚叶短而圆。背须瘤状，位于疣足基部上方。鳃1根，呈指状，简单、可伸缩，位于疣足前方。

分布与习性：本种为广分布种，见于我国黄海、东海和南海，在日本也有分布。多栖息于潮间带和潮下带软泥底。

经济意义：本种有群集习性，具有较大的资源量。如每年4月山东即墨、海阳等地沿海的挂子网1天可捕获近万斤。可用作鱼、虾饲料及钓饵。

锥唇吻沙蚕 *Glycera onomichiensis* Izuka，1912（图5-8）

别名：海蚕、海虫、海蚯蚓、海蜈蚣

分类地位：多毛纲 Polychaeta　叶须虫目 Phyllodocida　吻沙蚕科 Glyceridae

形态特征：体型较大，体长可达80 mm，宽8 mm，有100~140个刚节。口前叶呈尖圆锥形，约有10个环轮。吻器有两种形态：1种呈长圆锥形，有圆端；另1种细小，尖端有斜截形的板。副颚有2个不等长的翅。体节

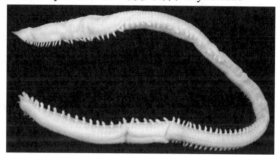

图5-8　锥唇吻沙蚕

有双环轮。典型疣足长大于高，有2个前刚叶和2个稍短的后刚叶，均呈圆锥形。背须圆锥状位于疣足基部上方；腹须非常发达，与疣足叶等大。无鳃。

分布与习性：本种为广分布种，见于我国南北沿海，也分布于颚霍次克海以及南千岛群岛、越南等沿海。多栖息于碎壳软泥底。

经济意义：本种在底栖动物采样调查中常有出现，可用作钓饵。

中锐吻沙蚕 *Glycera unicornis* Lamarck，1818（图5-9）

分类地位：多毛纲 Polychaeta　叶须虫目 Phyllodocimorpha　吻沙蚕科 Glyceridae

形态特征：个体较大，大者体长约110 mm，有近200个刚节。口前叶有10个不明显的环轮。吻覆有平滑的圆锥形球形吻器。副颚仅有一长翅。典型疣足有2个后刚叶，末端渐变尖细；体中部2个后刚叶稍短，等长且有尖端；体后部背后刚叶变长且有尖端，腹刚叶短圆。背须卵圆形，位于疣足基部，腹须长且有尖端。鳃简单，呈指状，可伸缩，位于疣足背前方。

分布与习性：本种为广分布种，分布于地中海、大西洋、印度洋，在我国见于黄海沿岸。

图5-9 中锐吻沙蚕

强吻沙蚕 *Glycera robusta* Ehlers，1868（图5-10）

别名：海蚕、海虫、海蚯蚓、海蜈蚣

分类地位：多毛纲 Polychaeta 叶须虫目 Phyllodocida 吻沙蚕科 Glyceridae

形态特征：体型较大，体长可达420 mm，宽5 mm，体节达280个。口前叶短，9～10环。吻部覆盖有珠状乳突。疣足有前唇和后唇各2个；前唇稍长，末端为钝圆锥形；后唇短钝，2个唇瓣大部分连在一起，两者间仅有一浅凹。足刺多位于前唇内部，个别伸出唇外。鳃始于约第20体节，呈泡状突起，不能伸缩，位于疣足背面须的基部。

分布与习性：本种分布于太平洋北美沿岸从温哥华至南加利福尼亚，以及太平洋西岸的日本沿岸，在我国见于黄海。

经济意义：本种在底栖动物采样调查中常有发现，可用作钓饵。

图5-10 强吻沙蚕

浅古铜吻沙蚕 *Glycera subaenea* Grube，1878（图5-11）

分类地位：多毛纲 Polychaeta 叶须虫目 Phyllodocida 吻沙蚕科 Glyceridae

形态特征：个体较大，体长60～160 mm，宽3～6 mm，有近200个刚节。口前叶圆锥形，有10个环轮。吻器为钝圆锥形或椭圆形，有的有1～2个不清楚的环纹。副颚有很长的翅。每个体节有2个环轮。典型疣足有2个前刚叶和2个后刚叶：前刚叶近似等长，为圆

图5-11 浅古铜吻沙蚕

锥形；后背刚叶与前刚叶相似，后腹刚叶短且有圆端。鳃始于第12～30刚节，位于疣足的前表面，能伸缩，有2～4个分支，伸展时长于疣足叶。背须短，为球形；腹须扁平，为锥形。酒精标本呈黄褐色。

分布与习性：本种在菲律宾群岛、日本和我国黄海潮间带沙滩均有分布。

经济意义：本种在底栖动物采样调查中常有发现，可用作钓饵。

寡节甘吻沙蚕 *Glycinde gurjanovae* Uschakov & Wu，1962（图5-12）

分类地位：多毛纲 Polychaeta　叶须虫目 Phyllodocida　角吻沙蚕科 Goniadidae

形态特征：体型较小，最大标本长28 mm，宽1 mm。口前叶尖呈锥形，有8～9个环轮，末端有4个小头触手。吻长柱状，前端有软乳突、两个大颚和4～14个小颚，吻壁有纵排的多种吻器。体前部疣足为单叶型，有19～22个，疣足的前、后刚叶末端窄细，后刚叶稍长大；体后部疣足双叶型，腹前刚叶窄细，腹后刚

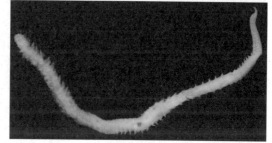

图5-12　寡节甘吻沙蚕

叶圆钝。背须平滑前端无缺刻。背刚毛为有瘤足刺形；腹刚毛为腹型刺状。酒精标本呈灰褐色或浅绿色，背面有深色斑。

分布与习性：本种分布于我国南北沿海。多栖息于潮间带至浅海水深30～60 m的软泥和泥沙底质海底。

拟特须虫 *Paralacydonia paradoxa* Fauvel，1913（图5-13）

别名：海蚕、海虫、海蚯蚓、海蜈蚣

分类地位：多毛纲 Polychaeta　叶须虫目 Phyllodocida　特须虫科 Lacydoniidae

形态特征：体型较小，一般体长约15 mm，宽1.5 mm，有约60个体节。体细长，口前叶椭圆形。头触手2节，位于口前叶前缘，口前叶背侧有2条纵沟，无眼。吻短且平滑，无乳突。第1体节无疣足，第2体节疣足不发达，仅有1束刚毛。其余为双叶型，有相距很宽的背、腹刚叶。肛部桶状，有2条长肛须。生

图5-13　拟特须虫

活个体体为浅黄色，有些个体刚叶上有小的黑色斑。酒精标本呈浅褐色。

分布与习性：本种为广布种，在我国分布于渤海和黄海，也见于地中海、北美大西洋、太平洋沿岸、摩洛哥、南非及印度尼西亚和新西兰沿海。栖息于潮间带至潮下带泥沙底质中。

经济意义：本种体型虽小，但在底栖动物采样调查中，经常出现，且数量较多。

乳突半突虫 *Phyllodoce papillosa* Uschakov & Wu，1959（图5-14）

分类地位：多毛纲 Polychaeta　叶须虫目 Phyllodocida　叶须虫科 Phyllodocidae

形态特征：体型中等大，体长可达120 mm，宽约2.5 mm，有约270个刚节。口前叶

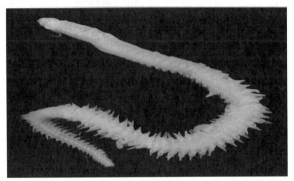

心形，后面缺刻内有1个小的项器。侧项器位于口前叶后侧（吻未翻出的标本不易见到）。吻后部有12纵排带色素的乳突，吻前部有大乳突。第2、3体节的背须最长，后伸达第9体节。疣足的背须为不正规的椭圆形（长大于宽），位于长的须基上；腹须有尖端，稍长于刚毛叶。

图5-14　乳突半突虫

分布与习性：本种为太平洋西北部至热带海域的特有种。我国黄渤海潮间带和浅海泥滩有记录。

长双须虫 *Eteone longa*（Fabricius，1780）（图5-15）

分类地位：多毛纲 Polychaeta　叶须虫目 Phyllodocida　叶须虫科 Phyllodocidae

形态特征：体型较小，体长40～50 mm，宽0.3～3 mm，有约350个体节。口前叶为长宽近似相等的椭圆形或近似三角形。有4个短的前触手和2个小眼。有的标本可见到很小的项器。吻前部膨大，前缘有乳突，其余部分平滑。第1体节有2对端指状触须，背须、腹须近似等长。第2体节有刚毛。疣足背须为对称的椭圆形或圆形。体前部的背须稍宽，体后部者稍窄。腹须小，紧靠刚叶，其长不超过刚叶。刚毛异齿刺状，端片有细齿。肛须卵圆形。体常呈亮褐色或米黄色，有的有色斑。

图5-15　长双须虫

分布与习性：本种为环北极浅水优势种，在白令海、日本海有分布，我国黄海为本种世界分布的南部界线。栖于低潮线至数百米水深处。

渤海格鳞虫 *Gattyana pohaiensis* Uschakov & Wu，1959（图5-16）

别名：海蚕、海虫、海蚯蚓、海蜈蚣

分类地位：多毛纲 Polychaeta　叶须虫目 Phyllodocida　多鳞虫科 Polynoidae

形态特征：体型较小，体长约15 mm，宽5 mm，有36个体节。口前叶哈燐虫型，前侧缘平整，额角不明显。头瓣呈不太显著的黄褐色，其上有许多小颗粒。翻吻有9对端乳突。触手3个，以中触手最长。触手、触角、触须和背须均无乳突。触须基部无刚毛。背鳞15对，把体背面全部盖住，表面密生乳突状小结节；刺大小不同，顶端钝或尖锐；背鳞薄，易脱落。疣足双叶型，背须细长。刚毛密集成束。背刚毛、腹刚毛均有尖细末端。体背面可见灰色的横条纹。

分布与习性：标本采自我国黄海潮间带和潮下带泥沙滩。

经济意义：本种在潮间带岩石岸易于采集，可用作钓饵。

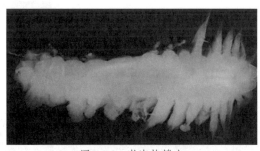

图5-16　渤海格鳞虫

短叶索沙蚕 *Lumbrineris latreilli*（Marenzeller，1879）（图5-17）

别名：海蚕、海虫、海蚯蚓、海蜈蚣

分类地位：多毛纲 Polychaeta　矶沙蚕目 Eunicida　索沙蚕科 Lumbrineridae

形态特征：体型较大，体长约77 mm，宽3 mm。口前叶呈圆锥形，长大于宽。前围口节长于后围口节。上颚基稍长，有缺刻；下颚前端宽扁，后部稍细。体前后部疣足同形，后叶圆锥形，稍长于前叶，体中部疣足后叶稍小。生活个体呈橘黄色。

分布与习性：本种为广分布种，分布于大

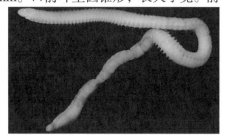

图5-17　短叶索沙蚕

西洋、太平洋和印度洋，在我国见于黄海和东海，在日本沿海也有分布。栖息于潮间带的砾石下。

经济意义：本种为潮间带沙滩习见种，可用作钓饵。

长锥虫 *Leitoscoloplos pugettensis*（Pettibone，1957）（图5-18）

别名：海蚕、海虫、海蚯蚓、海蜈蚣

分类地位：多毛纲 Polychaeta　锥头虫科 Orbiniidae

形态特征：体型中等大，体长7～40 mm，宽1～3 mm，有30～100个刚节。口前叶呈尖锥形，第15～20刚节为胸部和腹部分界。鳃始于第12～16刚节，由开始的乳突状渐变为长柱状，有缘须。胸部疣足的背足叶和腹足叶均为枕状，垫上有一乳突。腹部疣足背足叶为叶片状，无内须；腹足叶分一大一小两叶，无腹须。酒精标本呈黄色或黄褐色。

图5-18　长锥虫

分布与习性：本种为广分布种，见于我国渤海、黄海、南海，在日本、阿拉斯加、加利福尼亚、加拿大、墨西哥等沿海也有分布。栖息于潮间带泥沙质海底。

经济意义：本种在潮间带常常可采集到，可用作钓饵。

矛毛虫 *Phylo felix* Kinberg，1866（图5-19）

图5-19　矛毛虫

别名：海蚕、海虫、海蚯蚓、海蜈蚣

分类地位：多毛纲 Polychaeta　锥头虫科 Orbiniidae

形态特征：体型较大，体长40～135 mm，宽4～5 mm，有刚节100多个。口前叶呈圆锥形。鳃始于第5刚节。胸部共18～23节，前胸从第1～15刚节，疣足腹足叶由2～3个乳突逐渐增多，背刚毛锯齿毛状，腹刚毛细毛状和钩状；后胸从第16～23刚节，疣足腹足叶乳突数增至10多个，除有细毛状刚毛、钩状刚毛外还有矛形粗刚毛，基部腺囊在第18～22刚节明显。腹部疣足背足叶长叶片状，有内须；腹足叶分两叶。

有腹须。腹面乳突始于第14或15刚节，止于第24～27刚节，乳突数目为24～28个，数目最多的在第16～26刚节。酒精标本呈褐色或棕褐色。

分布与习性：本种分布于我国黄海，在日本沿海也有分布。栖息在潮间带泥沙滩或潮下带。

经济意义：本种在底栖动物采样调查中常有发现，可用作钓饵。

吻蛇稚虫 *Boccardia proboscidea* Hartman，1940（图5-20）

分类地位：多毛纲 Polychaeta 海稚虫目 Spionida 海稚虫科 Spionidae

形态特征：体型较小，体长12 mm，宽1.2 mm，有60多个刚节。口前叶前缘中央有缺刻，其外侧有黑色斑。2对眼排成梯形，前1对比后1对大且宽（有的标本无后1对眼）。口前叶脑后脊后伸到第2～3刚节。1对有沟触角后伸可达第9～10刚节。第1刚节无背刚毛，有腹刚毛。鳃始于第2刚节。鳃指状，不与背刚叶愈合。第5刚节较其他刚节长。酒精标本呈肉黄色，生活时为苍绿色，口前叶两侧有黑色斑。

分布与习性：本种分布于我国黄海，也见于美国南加利福尼亚北部到加拿大西部、日本沿海。

图5-20 吻蛇稚虫

钩小蛇稚虫 *Boccardiella hamata*（Webster，1879）（图5-21）

分类地位：多毛纲 Polychaeta 海稚虫目 Spionida 海稚虫科 Spionidae

形态特征：个体小型，体长约9 mm，宽1.6 mm，有约40个刚节。口前叶前端有缺刻，4个眼排成矩形。口前叶脑后脊后伸至第2～4刚节，无后头触手。第1刚节无背刚毛。鳃始于第2刚节，除第5变形刚节无鳃外一直分布至体后部。第5变形刚节有一末端平滑的粗足刺刚毛7～9根，背足叶还有4～5根细长的毛状刚毛。体后部第20～26刚节（除接近肛部的4～5刚节外）的每个疣足背足叶有1根棕黄色弯钩刚毛，并伴有毛状刚毛。巾钩刚毛始于第7刚节，双齿、柄无收缩部。肛板有小叶瓣。

图5-21 钩小蛇稚虫

分布与习性：本种为太平洋两岸种，分布于温哥华、加利福尼亚、加拿大西部、日本沿海和我国黄海。为我国首次记录。

膜质伪才女虫 *Pseudopolydora kempi*（Southern，1921）（图5-22）

分类地位：多毛纲 Polychaeta　海稚虫目 Spionida　海稚虫科 Spionidae

形态特征：体型较小，体长20～23 mm，宽1.5～2 mm，有30～40个刚节。口前叶前有缺刻，有稍扩张的前叶，脑后脊止于第3或4刚节。眼2对，呈梯形排列。触角粗长，有沟和褶皱，后伸可达第10～17刚节（常脱落）。带状鳃始于第7刚节，延续分布到第15～30刚节，不与背足后刚叶愈合。第1刚节的背后刚叶退化，无刚毛，从第2刚节开始刚叶发达。第5刚节的变形刚毛排成两排成丁状，一排为有翅旗状刚毛，另一排为稍弯曲足刺刚毛。尾部为盘状，背面末端有2个指状叶。酒精标本呈黄白色。

分布与习性：本种分布于我国黄渤海，在南非、印度、日本、朝鲜等沿海也有分布。栖息于潮间带和浅海泥沙滩或河口区。

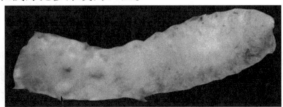

图5-22　膜质伪才女虫

（资料来源：http://www.boldsystems.org/index.php/Taxbrowser_Taxonpage?taxid=751680）

丝异须虫 *Heteromastus filiformis*（Claparède，1864）（图5-23）

别名：海蚕、海虫、海蚯蚓、海蜈蚣

分类地位：多毛纲 Polychaeta　小头虫科 Capitellidae

形态特征：体型较大，体长26～100 mm，宽1 mm，有70～100个刚节。体细长，呈线状。胸部和腹部分界不明显，第1体节无刚毛。一般胸部（第2～12体节）有11个刚节，前5个刚节的背足叶、腹足叶有毛状刚毛，第6～11刚节背足叶、腹足叶仅有巾钩状刚毛。腹部从第12体节开始，后背足叶、腹足叶均有巾钩刚毛。鳃始于第70～80体节后，位于腹足叶上方，不明

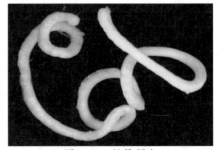

图5-23　丝异须虫

显。生殖孔位于第9～12胸部体节。巾钩刚毛的巾长为宽的2倍多，在主齿上有3～6个

小齿。酒精标本呈黄褐色。

分布与习性：本种为广分布种，在我国渤海、黄海和南海均有分布。常栖息于潮间带泥沙滩，尤其多见于河口区。

经济意义：本种在底栖动物采样调查中常有发现，可用作钓饵。

管缨虫 *Chone infundibuliformis* Krøyer，1856（图5-24）

分类地位：多毛纲 Polychaeta　缨鳃虫目 Sabellida　缨鳃虫科 Sabellidae

形态特征：体型较小，体长15～30 mm，宽1.5～2 mm，有40～50个刚节。鳃冠长，有8对鳃丝，鳃丝间约3/4被薄膜相连成漏斗状，无眼点。领部仅在腹面中央有凹裂。第1刚节仅有翅毛状领刚毛。胸部第2～8刚节的背刚毛为翅毛状刚毛和有锐尖的秤片刚毛，腹刚毛为弯曲长柄足刺状；腹部有很多刚节，背刚毛为长方形齿片，腹刚毛为翅毛状。酒精固定标本呈棕色或褐色。

分布与习性：本种分布于我国黄渤海和东海，在加利福尼亚北部、南加利福尼亚沿海也有分布。常栖居于岩石裂缝泥中。

图5-24　管缨虫

尖刺缨虫 *Perkinsiana acuminata*（Moore & Bush，1904）（图5-25）

分类地位：多毛纲 Polychaeta　缨鳃虫目 Sabellida　缨鳃虫科 Sabellidae

形态特征：体型较小，体长约38 mm，体宽4 mm，有约86个刚节。鳃冠长，有14对鳃丝，无眼。领背面明显分开，腹中线有2个三角形叶。胸部8个刚节（包括领刚节），领刚毛为双翅毛状。第2～8刚节有翅毛状背刚毛和匙状秤刚毛，胸区腹面为一排鸟头体状短弯柄齿片和一排尖细掘斧状伴随刚毛。腹部背齿片基部钝圆无柄，腹翅毛状刚毛同胸部刚毛，但无秤刚毛。其泥质栖管易碎。

分布与习性：本种分布于我国渤海，在日本沿海也有分布。栖息于潮间带泥沙滩。

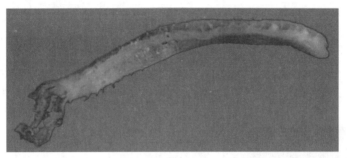

图5-25 尖刺缨虫

第二节 软体动物

托氏蜎螺 *Umbonium thomasi*（Crosse，1863）（图5-26）

分类地位：腹足纲 Gastropoda 原始腹足目 Archaeogastropoda 马蹄螺科 Trochidae

形态特征：壳较小，壳高10 mm，宽17 mm。壳体侧扁，略呈等边三角形，壳质较薄但坚实。螺层6层，螺旋部高于体螺层，螺层层面光滑有亮泽，层面色彩变化较大。壳面呈棕褐色或浅红色间白色，缝合线呈紫红色；螺旋部各螺层层面有曲线形浅棕色纵向斑纹或紫色纵向细纹斑。通常七八条细纹成一束而隔开，使壳面紫色、白色相间衬托。底面较平，光滑有亮泽，外缘乳白色，有许多纵向小条斑，内缘白色，没有斑纹。螺轴短而平直，轴唇平滑；外唇薄，内壁光滑有虹彩光泽。脐部不鼓胀，无脐孔。

图5-26 托氏蜎螺

分布与习性：本种为暖温性种，分布于温带–亚热带海区。在我国见于南北沿海，主要生活在黄海、渤海。在日本、俄罗斯海域也有分布。

经济意义：可作为鱼、虾饲料。

光滑狭口螺 *Stenothyra glabra* A.Adams，1861（图5-27）

分类地位：腹足纲 Gastropoda 中腹足目 Mesogastropoda 狭口螺科 Stenothyridae

形态特征：壳较小，壳高3 mm，宽2 mm。螺壳近圆桶状，壳质较薄、结实。壳两端细，中部膨胀。螺层约5层，缝合线明显，各螺层膨凸。螺旋部增长较慢，体螺层高度增长较快。壳顶钝，体螺层腹面稍扁而平。壳面有细弱的螺旋沟纹，在体螺层中部这些沟纹常常消失或较弱。壳面淡黄色，有丝状生长纹。壳口较小，圆形，周缘完整且简单。无脐。厣石灰质，圆形，周缘有肋状镶边，少旋，核位于中部靠下。

图5-27 光滑狭口螺

分布与习性：本种分布于我国福建以北海域，其中在北方沿海比较常见。生活在潮间带高、中潮区，在有淡水注入的河口附近的沙滩上或有藻类的地方栖息。

经济意义：可用作鱼、虾饲料。

文雅罕愚螺 *Fluviocingula elegantula* （A. Adams，1861）（图5-28）

分类地位：腹足纲 Gastropoda 中腹足目 Mesogastropoda 金环螺科 Iravadiidae

图5-28 文雅罕愚螺

形态特征：壳较小，壳高5 mm，宽2.5 mm。壳质薄，结实。螺层约6层，缝合线深，螺层膨圆，螺旋部高度、宽度增长均匀，体螺层膨大。螺旋部呈圆锥状，体螺层膨大。壳面呈黄褐色，有细密生长纹，光滑无肋，有弱的螺旋纹。壳口大，呈亚卵圆形，简单。外唇薄；内唇上部滑层稍厚，轴唇微显中凹，脐孔窄。厣角质，呈黄褐色，少旋，核近中央。

分布与习性：本种目前仅见于黄渤海沿岸。生活在浅海，从潮间带至水深20 m的海底都有发现。

经济意义：可作为鱼、虾饲料。

琵琶拟沼螺 *Assimainea lutea* A. Adams，1861（图5-29）

分类地位：腹足纲 Gastropoda 中腹足目 Mesogastropoda 拟沼螺科 Assimineidae

形态特征：壳较小，壳高7.5 mm，宽5 mm。壳质薄但结实。螺层约7层，缝合线较深，螺层稍膨胀，各螺层高度和宽度增长缓慢。螺旋部小，呈圆锥形，体螺层大。壳面平滑，生长纹细密，有薄的壳皮。壳面呈土黄色，有的个体在体螺层上有2条褐色螺带，少数个体有3条螺带。壳口梨形，简单。外唇薄；内唇稍厚，白色。

分布与习性：本种在黄渤海沿岸都有发现，日本沿海也有分布。生活在江河入海口附近有淡水注入的高潮区的泥滩及泥沙滩上。

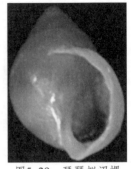

图5-29 琵琶拟沼螺

玉螺 *Natica vitellus*（Linnaeus，1758）（图5-30）

别名：褐玉螺、腰带玉螺

分类地位：腹足纲 Gastropoda 中腹足目 Mesogastropoda 玉螺科 Naticidae

图5-30 玉螺

形态特征：壳较大，近球形。壳质坚厚。螺层约6层，缝合线浅。胚壳小，呈黑褐色。螺旋部低小，体螺层膨大。壳面生长纹明显，在各螺层的上部和缝合线下方有放射状的细肋纹，有的个体形成皱褶。壳口广大，半圆形，周缘为黄白色，深处呈黄褐色。外唇略厚，简单，呈弧形；内唇厚直，上部滑层略扩张，中部形成1个略小的滑层结节。脐孔较大而深，有石灰质的厣，坚固。厣核较大，突出，呈黑色。壳面呈褐色或黄褐色，在缝合线下部和体螺层的中部各有1条黄白色的螺带，贝壳基部呈白色。

分布与习性：本种为暖水种，分布于印度–西太平洋。在我国见于台湾和福建以南沿海，为我国的东、南部沿海习见种。在日本、马来半岛、新加坡、印度尼西亚、澳大利亚等沿海，印度洋的斯里兰卡、阿曼、印度沿海及红海等均有分布。生活在潮下带水深十余米至数十米的细沙或沙泥质海底。

经济意义：本种在黄渤海和东海具有一定的资源量，肉味鲜美，群众喜食。贝壳可供观赏。

微黄镰玉螺 *Euspira gilva*（Philippi，1851）（图5-31）

别名：福氏玉螺

分类地位：腹足纲 Gastropoda 中腹足目 Mesogastropoda 玉螺科 Naticidae

图5-31 微黄镰玉螺

形态特征：壳呈卵圆形，壳质薄、坚。体螺层膨大。壳面光滑无肋，生长纹细密，有时在体螺层上形成纵的褶皱。壳面呈黄褐色或灰黄色，螺旋部多呈青灰色，至壳顶色深。壳口卵圆形，内面为灰紫色。外唇薄；内唇上部滑层厚，靠脐部形成一个结节状胼胝。脐孔深，厣角质。

分布与习性：本种广泛分布于我国黄海、渤海沿岸，向南至广东北部海域。在朝鲜和日本沿海也有分布。通常栖息在软泥质海底，以及沙、泥沙质的滩涂。

经济意义：肉味鲜美，可食。在我国浙江沿海称之为"香螺"。本种为肉食性动物，对养殖业有害。

扁玉螺 *Neverita didyma*（Röding，1798）（图5-32）

别名：大玉螺

分类地位：腹足纲 Gastropoda 中腹足目 Mesogastropoda 玉螺科 Naticidae

形态特征：壳中等大，呈半球形，壳质坚厚，宽扁。壳顶低平，缝合线明显，螺旋部短，体螺层极其膨大。壳面光滑，有明显的生长纹。壳面呈淡黄褐色，壳顶部紫色，基部白色。壳口卵圆形。外唇薄，呈弧形；内唇有厚的滑层以及深褐色的胼胝，其上沟痕明显。脐孔大而深。厣角质，呈黄褐色。

图5-32 扁玉螺

分布与习性：本种广泛分布于我国南北沿海，在日本、朝鲜半岛、菲律宾、澳大利亚沿海和印度洋的阿曼岛沿海也有分布。生活于潮间带至水深50 m左右的沙和泥沙质海底。

经济意义：本种在我国黄渤海具有一定的资源量，是重要的渔获物之一。肉味鲜美，可供食用，具有较高的经济价值。

脉红螺 *Rapana venosa*（Valenciennes，1846）（图5-33）

别名：海螺

分类地位：腹足纲 Gastropoda 新腹足目 Neogastropoda 骨螺科 Muricidae

形态特征：壳较大，壳质坚厚，壳高可达104 mm。螺层约7层，缝合线浅，螺旋部小，体螺层明显膨大，基部窄。壳顶光滑，其余螺层有略均匀而低的螺肋和结节，螺层中部和体螺层上部外突形成突出的肩角，其上有强弱不等的角状突起。体螺层上一般有3～4条螺旋肋，第1条最粗壮。壳面呈黄褐色，有棕色或紫棕色色斑和花纹。壳口大，卵圆形，内面呈杏红色，有光泽。外唇上部薄、下部厚，假脐明显。厣角质，核位于外侧。

图5-33　脉红螺

分布与习性：本种为温水种，分布于我国福建以北海域，在日本、朝鲜和俄罗斯沿海也有分布。栖息在潮间带至水深20 m的岩石岸及泥沙质的海底。

经济意义：本种在黄渤海沿岸广泛分布，在莱州湾、胶州湾和大连附近海域资源量较大。肉肥大鲜美，肉、贝壳和厣均可药用，是重要的经济贝类之一。我国已开展人工育苗和养殖。该种为肉食性贝类，对滩涂贝类养殖有危害。

丽核螺 *Mitrella albuginosa*（Reeve，1859）（图5-34）

分类地位：腹足纲 Gastropoda　新腹足目 Neogastropoda　核螺科 Columbellidae

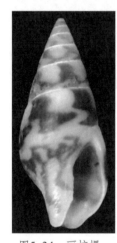

形态特征：壳较小，壳高17 mm，宽7 mm。壳呈纺锤形，壳质结实。螺层约9层，缝合线浅细。螺旋部呈尖塔形，体螺层基部收缩。壳面除胚壳以及2～3层有弱的纵肋及基部有弱的螺旋沟纹外，其余壳面光滑。壳面呈黄白色，有褐色或紫褐色纵向呈火焰状花纹，并被有薄的黄色壳皮。壳口小，内面呈黄白色，内缘有小齿。外唇厚，下部略向外扩张；内唇稍厚，其上有2个不明显的齿状突起。前沟短，呈缺刻状。厣角质，呈黄褐色，少旋，核位于下端。

分布与习性：本种为黄渤海沿岸习见种，向南分布至广东省西部沿岸。在日本沿海也有分布。生活在潮间带和稍深的浅海，

图5-34　丽核螺

潮水退后多隐入岩石块的下面，喜群集。

经济意义：食用价值不大。

香螺 *Neptunea cumingii* Crosse，1862（图5-35）

分类地位：腹足纲 Gastropoda　新腹足目 Neogastropoda　蛾螺科 Buccinidae

形态特征：壳较大，大者壳高可达134 mm，近菱形，壳质坚实。螺层约7层，缝合线明显。胚壳乳头状，光滑；螺旋部小，体螺层膨大，基部收缩。各螺层中部和体螺层上部有明显肩角，呈阶梯状。肩角有结节状突起或呈翘起的鳞片状突起。壳表有细密螺旋肋、螺纹及明显的生长纹。壳面颜色有变化，多呈黄褐色，有些个体有宽窄不一的白色色带及褐色薄壳皮。壳口大，梨形，壳内呈灰白色或淡褐色。外唇简单，弧形；内唇有较厚向外延展的滑层。前沟短宽，前端稍曲。厣角质，梨形，核前端位。

图5-35　香螺

分布与习性：本种为温水种，分布于我国江苏以北海域，在朝鲜、日本沿海也有分布。生活在潮下带水深20～80 m的泥质或岩质海底。

经济意义：本种在北黄海和渤海为常见种，具有一定的资源量。肉肥大，味美，是重要的经济贝类之一。

纵肋织纹螺 *Nassarius variciferus*（A. Adams，1852）（图5-36）

别名：海螺、海瓜子

分类地位：腹足纲 Gastropoda　新腹足目 Neogastropoda　织纹螺科 Nassariidae

形态特征：壳中等大，壳高29 mm，宽14 mm。壳呈短锥形，壳质结实。螺层约9层，缝合线较深，壳顶3层光滑，螺旋部呈尖锥形，体螺层大。螺表面有显著的纵肋和细密的螺纹，两者相互交织成布纹状。纵肋接近肩部形成以环列结节突起，在每一螺层上常有1～2条粗大的纵肿脉。壳面淡黄色或黄白色，有褐色

图5-36　纵肋织纹螺

螺带，螺带在螺旋部为2条，在体螺层为3条。壳口卵圆形，内面黄白色。外唇薄，边缘上面有尖细的齿；内唇弧形，上部薄，下部稍厚，边缘常有突起。前沟短，缺刻状。厣角质、薄。

分布与习性：本种为我国沿海习见种，在日本沿海也有分布。栖息于浅海沙和泥沙质的海底，从潮间带至水深40 m海域都有分布。

红带织纹螺 *Nassarius succinctus*（A.Adams，1852）（图5-37）

分类地位：腹足纲 Gastropoda　新腹足目 Neogastropoda　织纹螺科 Nassariidae

形态特征：壳中等大，壳高20 mm，宽9.5 mm。壳近纺锤形。螺层约9层，胚壳光滑，缝合线明显。螺旋部较高，体螺层中部膨胀，前端收缩。近壳顶数层的螺层上有纵肋和螺肋，其他螺层上的纵横肋不明显或光滑。壳面只在缝合线下方有1条和体螺层基部有清楚的螺旋沟纹。壳面呈黄白色，体螺层上有3条红褐色色带，其他螺层有2条。壳口卵圆形，壳内呈淡黄褐色。外唇薄，并有锯齿状缺刻；内唇弧形，薄，近后端处有一齿状突起。前沟宽短，呈U形，后沟窄。有角质厣。

图5-37　红带织纹螺

分布与习性：本种为渤海、黄海、东海习见种，南海虽有分布，但较少。生活在潮间带低潮区至水深50 m泥沙及泥质的海底，但在水深10～30 m的海底较多。

秀丽织纹螺 *Reticunassa festiva*（Powys，1835）（图5-38）

图5-38　秀丽织纹螺

分类地位：腹足纲 Gastropoda　新腹足目 Neogastropoda　织纹螺科 Nassariidae

形态特征：壳中等大，壳高22 mm，宽11 mm。壳呈长卵圆形，壳质坚实。螺层约9层，缝合线明显。螺旋部呈圆锥形，体螺层稍大。壳顶光滑，其余壳面有发达的纵肋和细的螺肋，纵肋在体螺层上有9～12条；螺肋在体螺层上有7～8条，次体层有3～4条。纵肋和螺肋相互交叉形成粒状突起。壳面呈黄褐色，有褐色螺带，外唇薄，内缘有粒状齿。内唇上部薄，下部稍厚，并向外延伸遮盖脐部，内缘有3～4个粒状的齿。前沟短而深，厣角质。

分布与习性：本种为黄渤海沿岸习见种，在东海、南海及日本、菲律宾等沿海也有分布。多栖息在潮间带中、低潮区泥和泥沙质的海滩上。

白带三角口螺 *Trigonaphera bocageana* Crosse & Debeaux，1863（图5-39）

分类地位：腹足纲 Gastropoda　新腹足目 Neogastropoda　衲螺科 Cancellariidae

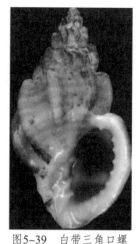

形态特征：壳较小，壳高27.6 mm，宽14 mm。壳呈长卵圆形。螺层约有7层，螺旋部呈圆锥形，体螺层大。在每一螺层的上部有一呈阶梯状的肩部。壳表有发达的纵肋和细的螺纹，纵肋在体螺层上约有8条，延伸至肩部微突出。壳面呈黄褐色，在体螺层中部通常有1条白色的螺带。壳口近三角形，内缘有8～9枚小齿，外唇向外扩张，轴唇中部有发达的3个褶襞。脐孔常被内唇滑层遮盖，假脐发达，无厣。

图5-39　白带三角口螺

分布与习性：本种在我国南北沿海皆有分布，在黄海、渤海较常见。多生活在潮下带水深8～60 m软泥及泥沙质的海底，在潮间带低潮区偶尔也可采到。

经济意义：肉可食用，经济价值不大。

朝鲜笋螺 *Terebra koreana* Yoo，1976（图5-40）

别名：笋螺

分类地位：腹足纲 Gastropoda　新腹足目 Neogastropoda　笋螺科 Terebridae

形态特征：壳较大，壳高78 mm，宽18 mm。壳呈尖锥形，结实。螺层约有16层，螺旋部塔形，体螺层低。壳顶部1～2层光滑，其余螺层有略呈波状、均匀的纵肋，纵肋在成体后部明显，向前逐渐减弱或不明显。在每一螺层的中上部有一细的螺沟。体螺层基部有3～5条似串珠状螺肋。壳面呈淡紫褐色，在每一螺层的底部及体螺层中部有一条白色螺带。壳口内紫色，边缘淡褐色，绷带发达。前沟呈缺刻状，厣角质。

分布与习性：本种为黄海、渤海常见种，在东海有但少见，在朝鲜、日本沿海也有分布。生活在从潮间带至水深40 m的沙和泥沙底质的浅海。

经济意义：肉可食用。

图5-40　朝鲜笋螺

淡路齿口螺 *Brachystomia omaensis*（Nomura，1938）（图5-41）

分类地位：腹足纲 Gastropoda　小塔螺科 Pyramidellidae

形态特征：壳较小，壳高3.4 mm，宽1.8 mm。壳质薄，半透明，呈卵形。螺旋部呈圆锥形，胚壳尖圆，左旋。螺层有4层，各螺层稍膨胀，周缘圆形，缝合线浅，壳表平滑，生长线明显。体螺层大，简单，中部强弯曲。底唇稍圆形。轴唇有一弱褶皱。脐孔呈狭缝状。厣卵形，革质，黄色，少旋形。

分布与习性：本种在我国东海为常见种，在日本沿海也有分布。生活于潮间带、潮下带，半寄生于鲍壳上。

经济意义：可用作家禽、鱼、虾的饲料和农用肥料。

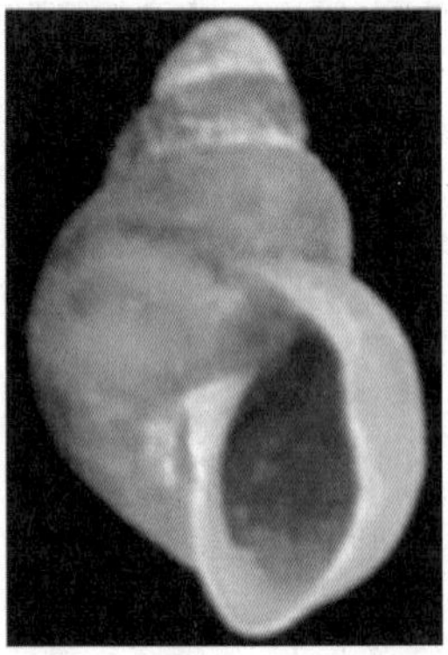

图5-41　淡路齿口螺

泥螺 *Bullacta caurina*（Benson，1842）（图5-42）

别名：麦螺、梅螺、海泥板、海溜子

分类地位：腹足纲 Gastropoda　头楯目 Cephalaspidea　长葡萄螺科 Haminoeidae

图5-42　泥螺

形态特征：壳中等大，体长40～50 mm。壳质薄脆，呈卵圆形，螺旋部小，体螺层膨胀。壳表被灰黄色至褐色壳皮，有精细的螺旋沟和生长线，两者相交呈格子状。壳口宽广，上部窄，底部扩张呈半圆形。内唇石灰质层狭而薄；外唇简单，呈弧形。软体部不能完全收缩入壳内。头楯大，平滑，遮盖贝壳前部。眼埋入头楯皮肤中。外套膜小，大部分被贝壳掩盖。足宽，前端圆形，后端截形。侧足发达，竖立于体侧并掩盖部分贝壳。

分布与习性：本种为西北太平洋的特有种，在我国分布于南北沿海，在日本、朝鲜等沿海也有分布。生活在潮间带至潮下带浅水区的泥沙质底。

经济意义：本种在我国南北沿海资源量均较大，浙江和山东等省已在潮间带开展人工养殖。其中，在浙江每年的产量高达百万吨，养殖产量高达近千吨。山东黄河三角洲区域也已开展潮间带泥螺养殖。本种可食用，也可用作鱼饵。

纵肋饰孔螺 *Decorifer matusimanus*（Nomura，1939）（图5-43）

分类地位：腹足纲 Gastropoda　头楯目 Cephalaspidea　盒螺科 Cylichnidae

形态特征：壳较小，壳高3.9 mm，宽2 mm。壳呈短圆筒形。贝壳半透明，薄，稍坚固。螺旋部低，呈短圆锥形；胎壳小，呈乳头状突起。螺层5层。缝合线沟状，有锐角升起，没有螺旋沟。壳面呈白色，有明显的生长线，在各螺层上呈纵肋状突起，在体螺层上突起更明显。壳口小，呈狭长形，上部狭，下部扩张。外唇薄，上部自体螺层的肩部升起，中部稍凸，底部圆形。内唇石灰质层厚而宽。轴唇短而厚，没有褶皱。

分布与习性：本种在东海为常见种，在日本沿海也有分布。生活在潮间带到潮下带浅水区细沙质底。

经济意义：可用作家禽、鱼、虾的饲料和农用肥料。

壳蛞蝓 *Philine* sp. Ascanius，1772（图5-44）

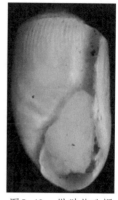

图5-43 纵肋饰孔螺

分类地位：腹足纲 Gastropoda 头楯目 Cephalaspidea 壳蛞蝓科 Philinidae

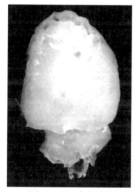

形态特征：壳较小。贝壳退化为内壳，薄质，半透明，呈白色或淡黄色。螺旋部小，内卷。胚壳平滑，卵形或方形。螺层2~4层。体螺层大，壳表有精细的螺旋沟或凹点或褶皱，生长线明显。壳口扩张，呈长卵形。外唇薄，自壳顶升起或突出壳顶部，圆形或有脊棘状、爪状突起。轴唇薄，呈狭褶状。头楯大，通常扁平，呈长方形，占体长的1/2，后侧叶不明显。外套楯包被贝壳。侧足肥大，竖立在身体两侧，后乳突叶明显。腹足宽大。

图5-44 壳蛞蝓

分布与习性：本种广泛分布于世界各海域，在我国南北沿海均有分布。生活在潮间带至潮下带水深206 m细沙或泥沙质底。吞食小型双壳类、有孔虫、多毛类。

经济意义：可用作鱼、虾饲料。

耳口露齿螺 *Ringicula doliaris* Gould，1860（图5-45）

分类地位：腹足纲 Gastropoda 头楯目 Cephalaspidea 露齿螺科 Ringiculidae

形态特征：壳微小，呈卵圆形。壳长4 mm，壳宽3 mm。壳质厚，坚固。螺旋部小，呈尖锥形。胚壳小，平滑，易磨损。缝合线沟状。螺层5~6层，膨胀。壳表雕刻有宽的沟状螺旋线，在体螺层有12~14条，在次体螺层有5~6条。生长纹不明显。体螺层膨胀，呈卵球形。壳口狭，上部狭圆，底部呈截断状或耳状。前

图5-45 耳口露齿螺

沟宽而浅，后沟狭而浅。外唇厚，外缘向背部增厚，形成一条肋状反褶缘，内缘中部有一个宽的褶齿。轴唇厚，基部有2个强大、肥厚的斜褶齿。壳呈淡白色，有光泽，壳口内面白色。

分布与习性：本种生活在潮间带至潮下带。在黄渤海为常见种，也见于我国东南沿海。在马达加斯加、日本和朝鲜沿海也有分布。

魁蚶 *Anadara broughtonii*（Schrenck，1867）（图5-46）

别名：焦边毛蚶、大毛蛤、赤贝、血贝

分类地位：双壳纲 Bivalvia　蚶目 Arcida　蚶科 Arcidae

图5-46　魁蚶

形态特征：壳较大，壳长可达85.0 mm，高69 mm。壳呈斜卵形，两壳膨凸，左壳稍大于右壳；壳顶膨胀，位于偏前方；壳前端圆，后端斜截形；壳表约有42条宽放射肋，肋上无结节。壳面呈白色，壳顶部略显灰色，被棕色壳皮，壳边缘处有密集的棕色毛状物。壳内面白色，内缘有强壮的齿状突出。铰合部直且狭长，前、后端齿较大；前闭壳肌痕小，后闭壳肌痕大。

分布与习性：本种分布于我国黄渤海，在东海分布较少，也见于日本、朝鲜半岛沿海。生活于潮间带以下至水深数十米的浅海区。近年来开展了人工养殖试验，进行了人工育苗。栖息于水深11～52.5 m的软泥海底。

经济意义：本种在黄渤海资源量较大，尤其在辽宁和山东的资源量较丰富。个体大、生长快、肉味鲜美，富含蛋白质和多种维生素，具有较高的经济价值，是重要的经济贝类之一。

毛蚶 *Anadara kagoshimensis*（Tokunaga，1906）（图5-47）

别名：毛蛤、麻蛤、血蚶

分类地位：双壳纲 Bivalvia　蚶目 Arcida　蚶科 Arcidae

形态特征：壳中等大，壳高30.0 mm，壳长40 mm。壳质坚厚，壳膨胀，近卵形或长卵圆形。两壳稍不等，右壳稍小。背侧两端略显棱角状，腹缘前端圆弧形，后端稍延长。壳顶突出，向内卷曲，位置偏向前方。壳表具粗放射

图5-47　毛蚶

肋31～34条，肋上有方形小结节。同心生长纹在腹部较明显。壳面白色，被有褐色绒毛状表皮。

分布与习性：本种在我国近海均有分布。栖息于潮间带至潮下带水深几十米的泥或泥沙质海底。

经济意义：本种在我国北方海域的资源量较大，为习见种。可食用，肉味鲜美，可鲜食、干制和加工成罐头。贝壳及肉可入药，有补血、温中、健胃的功效。

对称拟蚶 *Striarca symmetrica*（Reeve，1844）（图5-48）

分类地位：双壳纲 Bivalvia　蚶目 Arcoida　细饰蚶科 Noetiidae

形态特征：壳小，壳长10.7 mm，高8.2 mm。壳膨胀，呈长方形。壳后端较前端略长，末缘呈截形或斜截形；背部前、后缘显钝角状；壳顶部膨胀，壳顶突出，明显向内卷曲。由壳顶斜向腹部后缘有一条龙骨状突起。壳表约有50条不规则的放射肋，壳前、后端肋较中部肋粗大，肋上有明显的小结

图5-48　对称拟蚶

节。壳面呈黄白色，被一淡棕色壳皮。韧带面较宽，近菱形。贝壳内面灰白色，边缘略加厚，平滑且无明显锯齿状突起。铰合部稍弯，有近30个较大的齿，两侧齿较中央齿大；前、后闭壳肌痕的两侧边缘均有不甚高的隆起。本种壳形、韧带面均有变化，生长在南方的个体通常贝壳略显细长，菱形韧带面也较小。

分布与习性：本种为我国习见种，尤其常见于我国南方沿海，也分布于缅甸、新加坡、印度尼西亚、菲律宾、日本、朝鲜沿海。多栖息在潮间带岩石的缝隙里或石块下，以薄片状足丝附着其上。

经济意义：资源量不大。

长牡蛎 *Magallana gigas*（Thunberg，1793）（图5-49）

别名：海蛎子、真牡蛎、太平洋牡蛎、日本牡蛎

分类地位：双壳纲 Bivalvia　珍珠贝目 Pterioida　牡蛎科 Ostreidae

形态特征：壳较大，壳质厚重，壳形因生长环境不同，变化较大，多呈长条形或长卵圆形。壳表有波纹状鳞片，左壳有数条粗壮放射肋，附着面较大；右壳较平。壳面呈紫色或淡紫色，壳内面瓷白色，闭壳肌痕马蹄形，靠近腹缘，呈紫色。壳顶内面的韧带槽长而深。

分布与习性：本种分布范围较广，分布于西太平洋，在我国见于南北各地沿海。多附着于岩石等坚硬基质上。

经济意义：软体部肥满，肉味鲜美，营养丰富。经济价值极高，世界范围内已有许多国家进行人工养殖，也是我国主要的贝类养殖种。此外，蛎肉还有一定的药用价值，壳可烧成石灰。

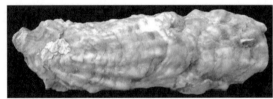

图5-49　长牡蛎

津知圆蛤 *Cycladicama tsuchii* Yamamoto & Habe，1961（图5-50）

分类地位：双壳纲 Bivalvia　帘蛤目 Veneroida　蹄蛤科 Ungulinidae

形态特征：壳较小，壳质坚厚、膨胀。壳顶较突出，前倾，位于背部近中央处。壳的前缘圆，前背缘较直；后缘略呈截形，后背缘微凸或近平直。壳表有土黄色壳皮，同心生长纹不甚规则。在壳顶的前、后部特别是后部常有深色的沉积物附着于其表面。壳内呈灰白色，前闭壳肌痕长而较宽，后肌痕卵圆形。铰合部较宽厚。铰合齿较粗壮。左壳前主齿分叉，其前齿尖高于后齿尖，右壳后主齿两个分叉的齿尖高度近于相等；左、右壳的前侧齿长而低矮，极不发达。内韧带较短，外韧带略长。

图5-50　津知圆蛤

分布与习性：本种在渤海、黄海（我国近海）及日本陆奥湾到九州沿海都有分布。栖息于水深7～75 m的泥沙质海底。

经济意义：本种是我国北方浅海的习见双壳类，其数量虽然不多，但分布较广，可作为鱼、虾饲料。

中国蛤蜊 *Mactra chinensis* Philippi，1846（图5-51）

别名：中华马珂蛤

分类地位：双壳纲 Bivalvia　帘蛤目 Veneroida　蛤蜊科 Mactridae

形态特征：壳中等大，壳长38～58 mm，高31～42 mm。壳质坚厚，壳形多有变化，一般呈长椭圆形。壳顶平滑，突出于背部中央近前方。小月面和楯面宽大，披针

图5-51 中国蛤蜊

形。壳表有黄褐色壳皮，同心生长纹极显著，生长纹在壳顶部减弱，近腹缘处变粗；壳顶至腹缘有宽窄不一的深色放射状色带。壳内呈白色，部分区域略带灰紫色。左、右壳的主齿呈"人"字形，韧带槽宽大，内韧带居其中。外套窦中等深度。

分布与习性：本种为广分布种，为我国沿海习见种，从辽宁至福建南部沿海都有分布，也分布在日本和朝鲜沿海。栖息在潮间带中潮区至水深60余米的沙质沉积区。

经济意义：本种在我国有较大的资源量，其中北部沿海的资源量多于南部沿海。肉味鲜美，颇受市场欢迎，尤其为我国北方沿海群众所喜食。

四角蛤蜊 *Mactra quadrangularis* Reeve，1854（图5-52）

别名：白蚬子、泥蚬子、布鸽头

分类地位：双壳纲 Bivalvia　帘蛤目 Veneroida　蛤蜊科 Mactridae

形态特征：壳较大，极膨胀，略呈四角形。壳质坚厚。壳顶突出，位于背缘中央略近前方。小月面与楯面明显。壳表有明显的生长线，被黄褐色外皮，顶部颜色变淡至白色，幼小个体呈淡紫色，近腹缘处呈黄褐色。壳内面呈白色。铰合部宽大，两壳主齿不同，左壳主齿分叉，右壳主齿排列成"八"字形；两壳前、后侧齿片

图5-52 四角蛤蜊

状，发达。外韧带小，淡黄色；内韧带大，黄褐色。闭壳肌痕明显，外套痕清楚，近腹缘。

分布与习性：本种为我国沿海习见种，从辽宁至广东沿海均有分布，也见于日本和朝鲜沿海。栖息在潮间带中潮区至潮下带细沙和砾石粗沙质海底。

经济意义：本种在我国沿海资源量丰富，尤其在辽宁、山东沿海产量大。软体部鲜美可口，有滋阴、利水、化痰的功效，壳有清热、利湿、化痰、软坚的作用。

西施舌 *Mactra antiquata* Spengler，1802（图5-53）

别名：车蛤、土匙、沙蛤

分类地位：双壳纲 Bivalvia　帘蛤目 Veneroida　蛤蜊科 Mactridae

形态特征：壳较大，一般壳长100～110.8 mm，高80～90 mm。壳质薄，壳近三角形。贝壳前端圆，后端稍尖，腹缘圆弧形。壳顶略尖，位于背部近中央。小月面略凹，

图5-53　西施舌

界限不清；楯面披针形，界线清楚。壳表有细密且明显的生长纹，壳顶部光滑。壳面呈淡黄色或黄白色，被丝绢状有光泽的壳皮。壳顶部呈紫色，向腹缘逐渐变浅。壳内淡紫色。铰合部长，外韧带小，黄褐色；内韧带棕黄色，极发达。外套痕明显。

分布与习性：本种分布于我国南北沿海，也见于日本和印度半岛沿海。多栖息在潮间带中、低潮区的细沙滩中。

经济意义：足部肌肉发达，味极鲜美，为著名的海产珍品之一。我国已开展人工养殖。

异侧蛤蜊 *Mactra inaequalis* Reeve，1854（图5-54）

分类地位：双壳纲 Bivalvia　帘蛤目 Veneroida　蛤蜊科 Mactridae

形态特征：壳中等大，壳长31.5 mm。壳质坚厚，两壳较膨胀，壳皮薄，白色。壳顶突出，位于中央之后，壳的前部大于后部。前、后背缘均微凸，前、后端都较尖。壳表生长纹不甚规则，在前、后背区形成规则的皱纹。壳面呈白色，后背缘紫色，有淡黄色壳皮；壳内后背缘紫色，在壳顶的两侧各有一黄褐色色带。外套窦舌状，顶端圆，不与外套线愈合。

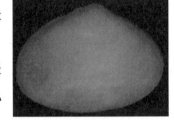

图5-54　异侧蛤蜊

分布与习性：本种分布于浙江（南麂岛）、福建（泉州、东山）、海南（新盈）等沿海，是中国海的地方性种，在黄河口也采集到。

经济意义：肉可食用。

彩虹明樱蛤 *Iridona iridescens*（Benson，1842）（图5-55）

别名：彩虹樱蛤、虹光亮樱蛤、梅蛤、扁蛤、海瓜子

分类地位：双壳纲 Bivalvia　帘蛤目 Veneroida　樱蛤科 Tellinidae

图5-55　彩虹明樱蛤

形态特征：壳较小，壳长20 mm，高12 mm。壳质薄脆，多呈三角形或略近长椭圆形。两壳相等，两侧不等，壳前、后端均稍开口。壳顶略突出，近背缘后方。外韧带凸，呈黄褐色。壳面呈白色且略带粉红色，光滑，具光泽；生长纹细密，无

放射肋，仅在壳后端有一小纵褶。壳内白色，闭壳肌痕明显，外套窦深。铰合部较窄，两壳各有2枚主齿。

分布与习性：本种为暖水种，分布于日本、朝鲜、菲律宾及泰国等沿海，在我国见于渤海、黄海和东海。常栖息在潮间带低潮线至潮下带水深20 cm的浅水区。

经济意义：本种在我国浙江沿海资源量较大，肉味鲜美，营养丰富，可食用，也可用作鱼、虾饵料。

江户明樱蛤 *Moerella hilaris*（Hanley，1844）（图5-56）

别名：桃花樱蛤

分类地位：双壳纲 Bivalvia 帘蛤目 Veneroida 樱蛤科 Tellinidae

形态特征：壳较小，一般壳长21 mm，多呈三角形，外形与彩虹明樱蛤近似。壳质薄脆。两壳与两侧均不等。壳表有明显生长纹，有时有红色放射带，无放射肋。壳色多变，呈白色或玫瑰红色等。铰合部较窄，有2枚"八"字形主齿，外套窦宽且深。

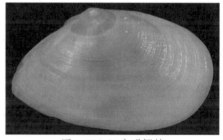

图5-56 江户明樱蛤

分布与习性：本种常见于我国黄渤海，可向南分布至东南部沿海，在日本沿海也有分布。常栖息在潮间带至浅海水深约20 m的泥沙质海底。

经济意义：本种体型虽小，但资源量大，肉味鲜美，营养丰富，可食用，也可作鱼、虾饵料。

宫田神角蛤 *Semelangulus miyatensis* Iredale，1924（图5-57）

分类地位：双壳纲 Bivalvia 帘蛤目 Veneroida 樱蛤科 Tellinidae

图5-57 宫田神角蛤

形态特征：壳较小，壳长7.0 mm。壳质较坚厚，两壳不等，前、后亦不等。壳顶尖，后倾，位于背部的2/5处。小月面长，微下陷；楯面较粗短，也下陷。壳面呈不同深浅的红色，有较粗的同心肋，肋在后部更粗壮。外套窦长，指状，其顶端几乎触及前肌痕，其下缘不与外套线愈合。

分布与习性：本种分布于黄海和长江口水域，在日本沿海也有分布。栖息于水深

32～57 m的砂质海底。

经济意义：本种可作为家禽、鱼、虾的饲料和农用肥料。

小亮樱蛤 *Nitidotellina lischkei* M. Huber，Langleit & Kreipl，2015（图5-58）

分类地位：双壳纲 Bivalvia　帘蛤目 Veneroida　樱蛤科 Tellinidae

形态特征：壳较小，较大个体壳长15.0 mm，
高9.0 mm。壳质极薄脆，半透明，呈三角形或
椭圆形。壳顶略凸，近背缘后端。外韧带极短，
较凸，呈黄褐色。壳前端圆形，腹缘略直，后缘
常呈截形。壳表有明显的生长纹，无放射肋。壳
后端有一条由壳顶斜向后缘的较宽而略凹的放射

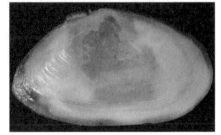

图5-58　小亮樱蛤

沟。壳面呈白色，略显浅虹光彩；壳内面颜色略与其相似；肌痕不明显，外套窦较
深。全部与外套线汇合。铰合部较窄，左、右两壳各有中央齿2枚，呈"八"字形。

分布与习性：本种分布于我国东南沿海，也见于日本北海道南部至九州、朝鲜沿
海。生活在低潮线以下至水深30 m内的浅海底，穴居于软泥和细泥沙中。

经济意义：本种有一定的资源量，但个体小无食用价值，多用作鱼、虾饲料。

理蛤 *Theora lata*（Hinds，1843）（图5-59）

分类地位：双壳纲 Bivalvia　帘蛤目 Veneroida　双带蛤科 Semelidae

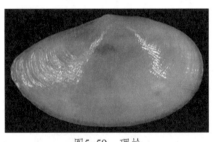

图5-59　理蛤

形态特征：壳较小，壳长21.0 mm；呈长椭圆
形，扁平。壳质薄，半透明。壳顶小，略近前端。
壳前缘圆，后部逐渐变细，腹缘弧形。壳表光滑，
无放射肋，有细密生长纹。壳面呈白色或淡黄色，
有光泽；壳内面呈白色。外套窦长，超过壳的中
部，顶端斜截形，腹缘大部分与外套线愈合。

分布与习性：本种分布于我国黄渤海和东海，也见于日本沿海和泰国湾。生活
在水深9～50 m的泥沙和软泥质海底中。

经济意义：本种在渤海资源量较大，在某些区域密度可达1 500个/米^2。但因个体
较小，无食用价值，可作为鱼、虾养殖饵料。

内肋蛤 *Theora lubrica* Gould，1861（图5-60）

分类地位：双壳纲 Bivalvia　帘蛤目 Veneroida　双带蛤科 Semelidae

形态特征：壳较小，壳形与理蛤近似，但壳质更薄脆，近全透明。两者主要区别为，本种自壳顶向前腹缘深处有一条在壳表可见的放射状白色内肋。

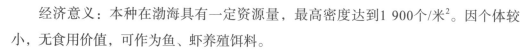

图5-60　内肋蛤

分布与习性：本种分布于渤海、黄海，也见于日本北部沿海。栖息于潮下带浅水区的软泥底，在我国其垂直分布为10～42 m深处。

经济意义：本种在渤海具有一定资源量，最高密度达到1 900个/米^2。因个体较小，无食用价值，可作为鱼、虾养殖饵料。

缢蛏 *Sinonovacula constricta*（Lamarck，1818）（图5-61）

别名：蛏子、蜻、蚬

分类地位：双壳纲 Bivalvia　帘蛤目 Veneroida　截蛏科 Solecurtidae

形态特征：壳大，一般壳长83 mm，高26 mm。壳质薄脆，壳近长方形。壳顶略凸，位于背缘近前方。壳前、后端圆，腹缘与背缘基本平直，仅在腹缘中部稍内凹。两壳闭合时，前、后端均开口。外韧带近三角形，黑褐色。壳表有粗生长线，自壳顶至腹缘中部有一微凹的斜沟，形似缢痕而得名。壳面被黄绿色的壳皮，常因磨损壳皮脱落呈白色。壳内面白色；铰合部小，右壳有2枚主齿，左壳有3枚。前、后闭壳肌痕均呈三角形。外套痕明显，外套窦宽大，前端呈圆形。足极发达，长柱状，无足丝。

分布与习性：本种分布于西太平洋，为我国沿海常见种。栖息在河口区或有淡水注入的内湾，在潮间带中、下潮区的软泥滩内，以足掘穴栖居，潜埋深度一般为10～20 cm。足部朝下，涨潮时，入水管和出水管伸出洞口，引入水流，以行呼吸、摄食硅藻和排出废物。

经济意义：本种资源量大，为我国的主要养殖贝类之一。个体大，肉味鲜美，营养丰富，可食用，也可入药，用于产后虚寒、烦热痢疾，壳可用于医治胃病、咽喉肿痛。

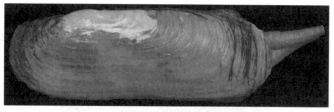

图5-61　缢蛏

小刀蛏 *Cultellus attenuatus* Dunker，1862（图5-62）

别名：料撬、剑蛏

分类地位：双壳纲 Bivalvia　帘蛤目 Veneroida　竹蛏科 Solenidae

形态特征：壳较大，壳长可达80 mm，高26 mm。壳质薄脆。壳侧扁，前端圆，略膨大，后端变细窄。壳顶略突出于背缘，近前方。韧带明显，黑色，近等腰三角形。壳面被一层有光泽的淡黄褐色壳皮；生长纹细密，在壳顶部不明显，向下至腹缘处逐渐清楚，有时成褶皱状。壳内面呈白色或略呈粉红色；铰合部小，右壳2枚主齿，左壳3枚主齿。前闭壳肌痕小，卵圆形；后闭壳肌痕大，近三角形。

分布与习性：本种为广分布种，见于我国南北沿海，也分布于日本、菲律宾、马尔加什等沿海。栖息于潮间带至水深约100 m的浅海。

经济意义：本种资源量大，肉味鲜美，营养价值高，为重要经济贝类之一，为沿海群众所喜食。

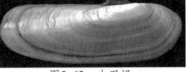

图5-62　小刀蛏

薄荚蛏 *Siliqua pulchella* Dunker，1852（图5-63）

别名：荚蛏

分类地位：双壳纲 Bivalvia　帘蛤目 Veneroida　竹蛏科 Solenidae

形态特征：壳较大，壳长40 mm，高13.8 mm，宽5.5 mm。壳近长椭圆形，侧扁；壳质半透明状，极薄脆。贝壳前、后端均圆，背缘较直，腹缘略呈弧形。壳顶小，稍突出于背缘前端。韧带小且突出，黑褐色。壳面有细密生长纹，较大个体有细密整齐的放射线纹；呈紫褐色，有光泽，被一层薄的淡褐色壳皮。壳内面呈淡紫色；铰合部狭窄，两壳各有2枚主齿；壳前端自壳顶向腹缘有1条白色、强壮的肋状突起。

分布与习性：本种为温水种，在我国分布于黄渤海区，日本沿海也有分布。栖息在潮间带至水深31 m的浅海泥沙中。

经济意义：肉可食用，味道鲜美，为群众所喜食，在水产品市场常有出售。

图5-63　薄荚蛏

相模湾共生蛤 *Borniopsis sagamiensis*（Habe，1961）（图5-64）

分类地位：双壳纲 Bivalvia　帘蛤目Veneroida　凯利蛤科 Kelledae

形态特征：壳较小，壳长6.0 mm。壳质薄，壳顶尖，位于近中央。生长线不甚规则，两壳的铰合部各有1个主齿，右壳者更粗大，有1个弱的后齿。

分布与习性：本种分布于渤海辽东湾，在日本沿海也有分布。栖息于水深26 m处的软泥海底。

经济意义：本种可用作鱼、虾饲料。

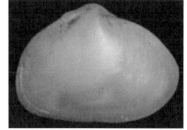

图5-64　相模湾共生蛤

紫色阿文蛤 *Alveinus ojianus*（Yokoyama，1927）（图5-65）

分类地位：双壳纲 Bivalvia　帘蛤目 Veneroida　小凯利蛤科 Kelliellidae

形态特征：壳微小，壳长仅1.7 mm，高1.6 mm，宽1 mm。两壳相等，极膨胀，略呈三角形。壳顶突出，位于中央，前、后端皆呈弧形。小月面大，心脏形。壳表光滑。壳面呈淡紫色，靠近壳顶和背缘处紫色加深。铰合部较弱。左壳有2个主齿，前主齿较粗大，右壳有1个主齿。沿左壳铰合部和后背缘，有一长的沟状裂缝。

图5-65　紫色阿文蛤

分布与习性：本种分布于我国的黄海、渤海，也见于日本东京湾以南海域。栖息于水深数米至数十米的泥沙质海底。

经济意义：本种可用作家禽、鱼、虾的饲料和农用肥料。

文蛤 *Meretrix meretrix*（Linnaeus，1758）（图5-66）

别名：丽文蛤、蚶仔、粉蛲、白仔

分类地位：双壳纲 Bivalvia　帘蛤目 Veneroida　帘蛤科 Veneridae

形态特征：壳较大，壳高72～110 mm，长80～122 mm。壳质坚厚，呈三角卵圆形。壳顶明显突出，斜向前方。壳前端圆，后端稍长略尖，腹缘弧形。壳面平滑，被有光泽的黄褐色或浅棕色壳皮，壳面颜色及花纹多有变化。壳表生长纹细，排列不规则。小月面大，楔状；楯面大，从壳顶延伸至后端；韧带短粗，黑褐色。壳内面呈白色。铰合部宽，略

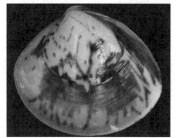

图5-66　文蛤

呈弓形。前、后闭壳肌痕明显，外套痕清楚。

分布与习性：本种为广温、广分布种，在我国南北沿海均有分布，也见于朝鲜、菲律宾、越南沿海和印度洋。多栖息于河口附近及有内湾的潮间带沙滩或浅海细沙质海底。

经济意义：本种在渤海湾、江苏和福建沿海资源量丰富，为重要的经济贝类，已开展人工养殖。肉质鲜美，营养丰富。此外，也具有很高的食疗药用价值，有清热利湿、化痰、散结的功效。

日本镜蛤 *Dosinia japonica*（Reeve，1850）（图5-67）

别名：日本镜文蛤

分类地位：双壳纲 Bivalvia　帘蛤目 Veneroida　帘蛤科 Veneridae

形态特征：壳较大，壳长44～77 mm，高一般41.5～69 mm。壳质坚厚，稍扁平，近圆形。壳顶尖，位于背缘近前方，并向前弯曲，往后方斜直。壳前、后缘圆，腹缘呈规则的半圆形，背腹缘处呈钝角状。壳面呈白色，生长纹平且排列紧密，在壳前、后缘处的生长纹略翘起呈薄片状。小月面深凹，呈心脏形。楯面清楚，呈长披针形，前半部为黄棕色，后半部略凹陷。壳内呈白色。铰合部宽，两壳均有粗壮的中央主齿、薄的前主齿和延长的后主齿。前、后闭壳肌痕、外套痕清楚，外套窦深。

图5-67　日本镜蛤

分布与习性：本种为广温、广分布种，在我国从南到北均有分布，在俄罗斯远东海、朝鲜和日本沿海也常见。栖息在潮间带至浅海水深约73 m的泥沙质底。

经济意义：本种是我国南北沿海的习见种，但资源量一般。味鲜美，为群众所喜食。

高镜蛤 *Dosinia*（*Bonartemis*）*altior* Deshayes，1853（图5-68）

分类地位：双壳纲 Bivalvia　帘蛤目 Veneroida　帘蛤科 Veneridae

图5-68　高镜蛤

形态特征：壳中等大，圆形。壳质坚硬，略微膨胀。壳顶尖，前倾，位于贝壳前方1/3～1/4处。自壳顶至前方弯曲，往后方斜圆。前缘、后缘和腹缘均圆。壳面呈白色，略有光泽。同心生长纹细而平，排列紧密、整齐，纹间沟很浅，生长纹在壳的前、后缘部平坦，未翘起。小月面深凹，呈心脏形，界面明显；楯面斜长，有很光滑的面。韧带黄棕色，长度约为楯面全长的一半。壳内面白色，铰合部宽，其腹缘弯曲度较小。前、后闭壳肌痕和外套痕清楚。外套窦深，斜伸至壳中央，先端尖。

分布与习性：本种分布于我国辽宁和江苏沿海，在马六甲、印度（马拉德斯、孟买）、斯里兰卡沿海也有分布。

经济意义：肉可食用。

青蛤 *Cyclina sinensis*（Gmelin，1791）（图5-69）

别名：赤嘴仔、赤嘴蛤、环文蛤、海蚬

分类地位：双壳纲 Bivalvia 帘蛤目 Veneroida 帘蛤科 Veneridae

形态特征：壳中等大，一般壳长46～59 mm，高49～62 mm。壳近圆形，壳高大于壳长；较膨胀，壳质坚厚。壳顶位于背缘中部，向前弯曲。壳前、后端均斜圆。生活个体壳面多呈黑色或紫灰色，干制标本多呈棕黄色。壳内面白色。铰合部宽，有3枚主齿。前闭壳肌痕较小，后闭壳肌痕大。外套痕清楚，外套窦深。

分布与习性：本种为广温、广盐性种类，分布于我国南部沿海。

图5-69 青蛤

经济意义：本种肉质鲜美，营养丰富，具有很高的食疗药用价值。在我国南北沿海的资源量均较高，为重要的经济贝类，已开展人工养殖。

菲律宾蛤仔 *Ruditapes philippinarum*（Adams & Reeve，1850）（图5-70）

别名：蛤仔、蚬（辽宁）、蛤蜊（山东）、花蛤（南方）

分类地位：双壳纲 Bivalvia 帘蛤目 Veneroida 帘蛤科 Veneridae

形态特征：壳中等大，一般壳长28～46 mm，高19～31 mm。壳呈卵圆形，膨胀，壳质坚厚。壳顶稍突出，位于背缘靠前方。小月面宽，椭圆形或略呈梭形；楯面梭形。外韧带长，突出。壳前端圆，后端略呈斜截形。壳面有细密放射肋和生长纹，位于前、后部的放射肋隆起成脊状，与生长纹交织呈布目状。壳面颜色和花纹多有变化，并密布棕色、深褐色或赤褐色的斑点或波

图5-70 菲律宾蛤仔

纹状花纹。壳内呈灰白色或淡黄色，有些个体壳后部显紫色。铰合部长，左壳中央主齿明显分叉。闭壳肌痕明显，前肌痕半圆形，后肌痕圆形，外套痕明显。

分布与习性：本种为世界性广分布种，在我国见于南北沿海。栖息在潮间带上部至潮下带的泥沙底质中。

经济意义：本种资源量丰富，我国南北沿海均开展人工养殖，且产量巨大，如胶州湾年捕捞量曾超过10万吨。营养丰富，肉味鲜美，为群众所喜食，为重要的经济贝类之一。

绿螂 *Glauconome chinensis* Gray，1828（图5-71）

别名：大头蛏

分类地位：双壳纲 Bivalvia　帘蛤目 Veneroida　绿螂科 Glauconomidae

形态特征：壳较小，一般壳长27～34 mm，高14～17 mm。壳呈长卵圆形，壳质薄脆。壳前端圆，后端略尖，腹缘较平。壳顶略尖，近前方。韧带短，呈黄褐色。壳表有同心生长纹，无放射肋；被一层灰绿色角质壳皮，腹缘处常呈皱褶状，壳皮在壳顶部分常易脱落。壳面呈灰白色。壳内面呈白色，略有光泽。铰合部窄长，两壳各有3枚主齿，无侧齿。前闭壳肌痕长卵圆形，后闭壳肌痕正方形，外套痕清楚。外套窦较深，呈舌状。

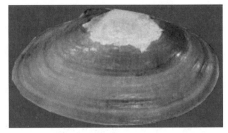

图5-71　绿螂
（资料来源：WoRMS，http://www.marinespecies.org/aphia.php?p=taxdetails&id=507448#images）

分布与习性：本种为温水种类，我国见于浙江象山港以南、福建、广东、广西和海南沿海，也分布于日本濑户内海和朝鲜。本种在黄河口也采集到。多栖息在河口半咸水地区潮间带近上部底质较硬的泥沙中。

经济意义：本种资源量较大，特定海域栖息密度极大，是重要的养殖贝类。肉可食用，也可用作家禽饲料。

薄壳绿螂 *Glauconome angulata* Reeve，1844（图5-72）

图5-72　薄壳绿螂

分类地位：双壳纲 Bivalvia　帘蛤目 Veneroida　绿螂科 Glauconomidae

形态特征：壳中等大，壳长33 mm。壳略呈长椭圆形，壳质较薄，壳顶位于背缘近前方，较低平。壳面被绿褐色薄的壳皮，同心生长纹在壳的前、后部较粗糙。壳内面白色或浅蓝色，略有光泽。铰合部狭窄，两壳各有主齿3枚，无侧齿。前肌痕略长，后肌痕桃形。外套窦较深。

分布与习性：目前仅发现分布于黄渤海沿岸，生活在有淡水注入的潮间带沙或泥沙中。

经济意义：本种在黄渤海潮间带有一定的资源量，是群众赶海常见的渔获物。可食用，也可用作饲料和饵料原料。

鸭嘴蛤 *Laternula anatina*（Linnaeus，1758）（图5-73）

别名：截尾薄壳蛤

分类地位：双壳纲 Bivalvia　帘蛤目 Veneroida　鸭嘴蛤科 Laternulidae

形态特征：壳中等大，壳长35～49 mm，高18～29 mm。壳近长方形，壳质极薄脆，半透明状。两壳等大或左壳略大于右壳，闭合时后端开口。壳顶突出，近后方。壳后缘较小，向上翘起形如喙状，其边缘向外翻出。壳面呈白色，有珍珠光

图5-73　鸭嘴蛤

泽，壳缘常呈淡黄或棕黄色。在壳前部和腹缘处常有细的颗粒状突起。壳内面白色，有珍珠光泽。铰合部无齿，韧带槽前无石灰板。外套窦浅，宽大，呈半圆形。

分布与习性：广泛分布于印度–太平洋区，在我国见于南北沿海。生活在潮间带至浅海泥沙质海底。

经济意义：本种在我国黄渤海具有一定的资源量，肉可供食用，亦可用作家禽、鱼、虾的饲料和农用肥料，具有一定的经济价值。

剖刀鸭嘴蛤 *Laternula boschasina*（Reeve，1860）（图5-74）

分类地位：双壳纲 Bivalvia　帘蛤目 Veneroid　鸭嘴蛤科 Laternulidae

形态特征：壳中等大，壳长33.1 mm，高17.2 mm，宽13.0 mm。壳近长卵圆形，较膨胀。壳顶突出，近背部中央，前端钝圆，前背缘平直，或微凸，后端尖斜上翘如剖刀状。壳质薄脆，半透明。两壳近相等，闭合时前、后端开口较小。壳表有细密的

图5-74　剖刀鸭嘴蛤

同心生长线。壳面呈白色，有云母光泽。铰合部无齿，下方与一新月形片状隔板相接。前、后闭壳肌痕略呈圆形。外套窦极浅。本种与渤海鸭嘴蛤近似，区别为后者韧带槽前有石灰质板，壳后端开口

较本种大。

分布与习性：本种分布于我国沿海，西太平洋的日本、菲律宾沿海也有分布。栖息于潮间带泥沙质底。

经济意义：本种具有一定的资源量，肉可供食用，亦可作为家禽、鱼、虾的饲料和农用肥料，具有一定的经济价值。

渤海鸭嘴蛤 *Laternula gracilis*（Reeve，1860）（图5-75）

别名：船形薄壳蛤

分类地位：双壳纲 Bivalvia　帘蛤目 Veneroida　鸭嘴蛤科 Laternulidae

形态特征：壳中等大，壳长25～55 mm，高14～30.5 mm。壳呈长卵圆形，较膨胀；壳质薄脆，半透明状。两壳近似等大或左壳略大于右壳。贝壳闭合时，前、后端均开口。壳顶稍突出，位于背缘中部。贝壳前端高而圆，后端钝圆。壳面呈白色或灰白色，有云母光泽，有的个体在壳前端和腹缘处常染有砖红色或铁锈色。壳表有不规则同心生长纹。壳内面呈白色，也有云母光泽。铰合部无

图5-75　渤海鸭嘴蛤

齿，有薄片隔板。韧带槽匙状，外套窦宽大，呈半圆形。水管粗大。

分布与习性：本种为广分布种，广泛分布于印度-太平洋，在我国见于南北沿海。栖息在潮间带至浅海约水深20 m的泥沙质海底。

经济意义：本种具有一定的资源量，肉可供食用，亦可作为家禽、鱼、虾的饲料和农用肥料，具有一定的经济价值。

光滑河蓝蛤 *Potamocorbula laevis*（Hinds，1843）（图5-76）

别名：蓝蛤、海砂子

分类地位：双壳纲 Bivalvia　海螂目 Myoida　蓝蛤科 Corbulidae

图5-76　光滑河蓝蛤

形态特征：壳较小，一般壳长17 mm，高10 mm。壳质薄脆，近等腰三角形或长卵圆形。两壳不等，左壳小，右壳大且膨胀，闭合时右壳腹缘的边缘翘起，包住左壳。壳顶近前方。壳前缘和腹缘圆，后缘略呈截状。壳表光滑，有细密生

长纹，无放射肋。壳面灰白色，被黄褐色外皮，并在壳边缘处形成褶皱。壳内面呈白色。铰合部窄，两壳各有1枚主齿。内韧带为黄褐色。前闭壳肌痕为长梨形，后闭壳肌痕近圆形。外套痕清楚，外套窦浅。

分布与习性：本种为广分布种，在我国辽宁至广东沿海均有分布。栖息在潮间带高潮带至浅海，尤其在河口入海处，盐度较低的滩涂，产量非常大。

经济意义：本种资源量大，在山东青岛沿海，栖息丰度大于10 000个/米²。本种是对虾养殖中很好的适口鲜活饵料，也可作为肥料，具较高经济价值。

金星蝶铰蛤 *Trigonothracia jinxingae* F.-S. Xu，1980（图5-77）

分类地位：双壳纲 Bivalviash　笋螂目 Pholadomyoida　色雷西蛤科 Thraciidae

形态特征：壳中等大，壳长16.2 mm；两壳较侧偏，呈长圆形；两壳不等大，右壳大；壳顶近后端，自壳顶到后腹缘有一隆起的放射脊；壳前部大，前端圆，后端短，末端截形，并开口。壳表有较粗的生长纹；后缘及后部被有淡褐色的壳皮，在壳顶和其他部分，壳皮常脱落。

图5-77　金星蝶铰蛤

分布与习性：本种为温水种，分布于我国香港以北的各大河口附近浅水区的软泥底中。

经济意义：本种在渤海湾具有较大的资源量，在某些区域，其丰度高达70 000个/米²。可作为对虾的优质饵料。

日本枪乌贼 *Loliolus*（*Nipponololigo*）*japonica*（Hoyle，1885）（图5-78）

别名：笔管蛸、柔鱼、鱿鱼、油鱼、小鱿鱼

分类地位：头足纲 Cephalopoda　枪形目 Teuthoidea　枪乌贼科 Loliginidae

形态特征：体型中等大，一般胴体长12~20 cm。胴部细长，呈圆锥形，后部削直，体表密布大小相间的近圆形色素斑。两鳍相接，略呈纵菱形。无柄腕长度不等，腕式一般为3>4>2>1。吸盘2行，各腕吸盘以第2、第3对腕上者较大，雄性左侧第4腕茎化。内壳角质，薄而透明，呈披针叶形。

分布与习性：本种为温水种，多分布在我国黄海、渤海以及东海北部，也见于朝鲜和日本海域。本种有垂直活动习性，昼深夜浅。主要捕食毛虾和其他鱼、虾。

经济意义：本种资源量较大，为黄渤海的重要经济种类。肉味鲜美，可鲜食，也可加工成各种干品及冷冻品。

图5-78　日本枪乌贼

短蛸 *Amphioctopus fangsiao*（d' Orbigny［in Férussac & d' Orbigny］，1839-1841）（图5-79）

别名：饭蛸、坐蛸、短腿蛸、小蛸、短爪、四眼乌

分类地位：头足纲 Cephalopoda　八腕目 Octopoda　蛸科 Octopodidae

形态特征：体型较大，胴部呈卵圆形或球形，体表有许多近圆形的颗粒。背部两眼之间有一明显的呈纺锤形或半月形的浅色斑，两眼前方第2对和第3对腕之间各有一椭圆形的金色圆环，与眼径近于等大。各腕均较短，长度近相等，腕长为胴体长的3～4倍；腕吸盘2行，雄性右侧第3腕茎化，较左侧对应腕短。

图5-79　短蛸

分布与习性：本种为广分布种，在我国南北近海均有分布，也见于日本列岛沿海。本种营底栖生活，多在海底或岩礁间爬行或滑行，可短距离游泳。幼体生长较快，一般半年左右可达成体大小，1年具备繁殖能力。

经济意义：本种为黄渤海的重要经济种类，尤其在我国山东、辽宁沿海资源量较大。肉味鲜美，可鲜食，也可晒成章鱼干。本种亦可入药，具有补气养血、收敛生肌的作用。

长蛸 *Octopus variabilis*（Sasaki，1929）（图5-80）

别名：章鱼、八带、马蛸、长腿蛸、大蛸、石拒、章拒

分类地位：头足纲 Cephalopoda　八腕目 Octopoda　蛸科 Octopodidae

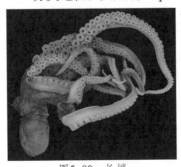

图5-80　长蛸

形态特征：胴部短小，呈卵圆形，胴体长约为宽的2倍；体表光滑，有极细的色素斑点。长腕型，腕长为胴体长的6～7倍，各腕长度不同，其中第1对腕最长且最粗，腕式为1>2>3>4，腕吸盘2行。雄性右侧第3腕茎化，较短，长度约为左侧对应腕的1/2，端器呈匙状，大且明显。

分布与习性：本种为广分布种，在我国南北沿海均有分布，也见于日本列岛沿海。营底栖生活，在深水和浅水间的集群洄游不明显。春季繁殖，幼体生长迅速，半年体长可达220 mm，1年左右长成为有繁殖能力的亲体。

经济意义：本种在黄海、渤海资源量较大，其中在辽宁、山东和河北部分沿海产量较多。渔期分春、秋两季，春季3—5月份，秋季9—11月份。个体大，肉质肥厚鲜美，营养丰富，富含蛋白质和氨基酸，具有较高的经济价值。

太平洋潜泥蛤 *Panopea abrupta* Gould，1850（图5-81）

别名：象拔蚌

分类地位：双壳纲 Bivalvia 海螂目 Myoida 缝栖蛤科 Hiatellidae

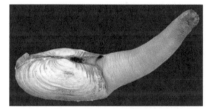

图5-81 太平洋潜泥蛤

形态特征：本种是已知最大的钻穴双壳类，壳长18～23 cm，水管可伸展至1.3 m，不能缩入壳内，前端有锯齿、副壳、水管。体重连壳可达3.6 kg，薄且脆，两侧对称相等，身体侧扁，前后不等边。壳全由霰石构成，具有很好的保护作用。无珍珠壳层。小月面与楯纹面发育不佳。壳顶不突出。闭壳肌为异柱型。在两壳各有一类似主齿的瘤状突起。

分布与习性：本种原产于美国和加拿大北太平洋沿海，东南亚及我国东南沿海有养殖。

船蛆 *Teredo navalis* Linnaeus，1758（图5-82）

别名：凿船贝

分类地位：双壳纲 Bivalvia 海螂目 Myoida 船蛆科 Teredinidae

形态特征：一般壳长3.9 mm，高4.2 mm；铠柄长1.5 mm，铠片长2.2 mm。壳薄脆，两壳右抱呈球形，为前、后端开口大。壳表面可分为前、中、后3区。前区小，三角形，有10～30条纤细的刻纹。中区大，又可分为前中区、中中区和后中区：前中区有6～20条斜的细刻纹；中中区稍下陷，呈浅沟状；后中区平滑，有生长纹。后区有环形生长纹。壳内面也有相应的前、中、后3区，壳内柱细

图5-82 船蛆

（资料来源：http://www.marinespecies.org/aphia.php?p=image&tid=141607&pic=68909）

长。铰合部无齿和韧带，在壳顶部及腹面各有交接突起。铠呈桨状，其柄细长。

分布与习性：本种普遍分布于我国南北各海域，是世界性种类，见于各大洋的温带和热带水域，多数凿木居住，会破坏木船和码头建筑，对温度及盐度适应能力强。

经济意义：本种为危害种，可严重破坏海洋中的码头和木船等木质设备。

第三节　甲壳动物

口虾蛄 *Oratosquilla oratoria*（De Haan，1844）（图5-83）

别名：爬虾、虾爬子、濑尿虾、皮皮虾

分类地位：软甲纲 Malacostraca　口足目 Stomatopoda　虾蛄科 Squillidae

形态特征：体型大，体长约130 mm。额板近梯形，前端钝圆。头胸甲短狭，腹部节与节之间分界明显，背面有显著的脊。眼大，角膜双瓣，宽于眼柄，斜接于眼柄上。头部有5对附肢，第1对内肢顶端分为3个鞭状肢，第2对的外肢为鳞片状；胸肢8对，其中第2对为发达的掠足；腹肢6对，其中前5对为有鳃的游泳肢，第6对腹肢发达，与尾节组成尾扇。雌雄异体，雄性胸部末节生有交接器。

分布与习性：本种为广分布种，在我国见于南北沿海，日本、夏威夷群岛和菲律宾等沿海也有分布。穴居于潮下带泥沙底，也常在海底游泳，分布水深多在30 m以浅。以底栖动物如多毛类、小型双壳类及甲壳动物为食。

经济意义：本种在我国黄渤海具有较大的资源量，是重要的经济种类。口虾蛄可食用，尤其是每年春季的4月之后，生殖腺成熟时，味道极鲜美。亦可药用，能治小儿尿疾，因此又被称为"濑尿虾"。

图5-83　口虾蛄

日本游泳水虱 *Natatolana japonensis* （Richardson，1904）（图5-84）

分类地位：软甲纲 Malacostraca 等足目 Isopoda 浪飘水虱科 Cirolanidae

形态特征：个体较小，体长约20 mm，宽约7 mm，呈纺锤形。头部额角呈突起状，两侧微凹入。复眼大，红褐色。胸部第1节最长，第7节最短，其他节等长。腹部尾节呈三角形，两侧内凹，末端有刺与毛。第1触

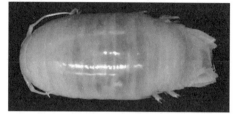

图5-84 日本游泳水虱

角短小，柄部3节，触鞭约10节。第2触角柄第5节最长，触鞭24～25节。胸肢第1～3对呈假螯状，用于捕捉猎物。第4～5对末端爪状，适于步行。腹肢5对，薄片状，双肢型。雄性第2腹肢内缘有针状雄性附肢。尾肢内、外肢等长，侧缘有短刺及羽状长毛。生活时体呈淡黄褐色。

分布与习性：本种分布于我国黄渤海，在日本沿海也有分布。栖息于潮下带至水深60～70 m的浅海区。

平尾棒鞭水虱 *Cleantioides planicauda* （Benedict，1899）（图5-85）

分类地位：软甲纲 Malacostraca 等足目 Isopoda 全颚水虱科 Holognathidae

形态特征：体型小，体长10～16 mm，宽约3 mm。背部隆起，两侧平行，呈半圆筒状。头部背面观呈横长方形。前缘中央稍凹陷，两侧稍前突。复眼1对，位于近前方侧缘。胸部7节约等长，第1节侧缘向前伸，第2～7节侧板均与背板分离，其中前3节的侧板窄小，后3节的侧板宽大，从背面易见。腹部4节，前3节短小，第4节长大，末端成半圆形，两侧缘平行，有稀疏毛。第一触角柄3节，鞭1节。第二触角柄5节，鞭1节。胸肢7对，前3对成亚螯状。第1对胸肢宽，第2对胸肢长，后4对为步足，第4对最小，往后逐渐增大，掌节和腕节有许多刺。体呈暗褐色。

分布与习性：本种分布于我国黄渤海和东海，在日本、韩国沿海及北美太平洋沿岸也有分布。栖息于潮下带至浅海区。

图5-85 平尾棒鞭水虱

光背节鞭水虱 *Synidotea laevidorsalis*（Miers，1881）（图5-86）

分类地位：软甲纲 Malacostraca　等足目 Isopoda　盖鳃水虱科 Idoteidae

形态特征：体型小，呈纺锤形，体长约25 mm，宽约11 mm。头部前缘内凹，后缘弧形，两侧有1对黑色复眼。中央部隆起。胸部第1～4节约等长，第1节中间短，第2～4节中央有M形波纹线，第5～7节较短。胸部各节背板隆起，侧板扁平。尾部两节背面完全愈合，只在侧板处有交界线。后端向内凹陷。第一触角柄3节，鞭为1节。第二触角柄5节，鞭15～20节。胸肢7对，前2对稍小，后5对约等大，各胸肢腹缘有密毛及长刺，末端有爪。尾肢在腹部末节两侧，向腹面折叠并覆盖全腹肢。腹肢5对，位于尾肢内侧，雄性第2对腹肢内肢内缘有锤状附肢。体呈深褐色，花纹色淡。

分布与习性：本种分布于我国南北沿海，生活于潮间带下区及浅海泥沙质海底，常于拖网中采到。

图5-86　光背节鞭水虱

博氏双眼钩虾 *Ampelisca bocki* Dahl，1944（图5-87）

分类地位：软甲纲 Malacostraca　端足目 Amphipoda　双眼钩虾科 Ampeliscidae

形态特征：体型小，躯体侧扁，头部前端稍凹，有2对单眼。底节板较深。第3腹节后侧角几乎为直角。第4腹节背前部有一凹陷，后部突出呈瘤状。尾节长为宽的2倍，叶面光滑无刺，末端有小刺。第1触角短，长度超过第2触角柄；鞭长于柄部，第8～18节每节有刚毛。第2触角第5柄节稍长于第4柄节，且有长刚毛；鞭稍长于柄，第14～33节每节末端有长刚毛。第1鳃足底节板末端宽阔。第2鳃足较细弱。第3、第4步足形状相似，第4步足底节板宽阔，有后叶，指节细长。第5、第6步足形状相似，第7步足基节后叶扩展，边缘钝圆，几乎延长到座节的末缘，座节较长，指节披针形。第1尾肢柄几乎等长于分肢，内肢有小刺。第2尾肢柄略长于分肢。第3尾肢内肢较宽阔。

分布与习性：本种分布于我国渤海、黄海和东海，也见于日本沿海。栖息于潮间带至水深100 m海域的软泥、沙质泥和泥质沙底。

经济意义：本种经济价值不大，是底栖动物的优质活饵料。

图5-87　博氏双眼钩虾

强壮藻钩虾 *Ampithoe valida* Smith，1873（图5-88）

分类地位：软甲纲 Malacostraca　端足目 Amphipoda　藻钩虾科 Ampithoidae

形态特征：体型较小，躯体光滑，略侧扁。头部前缘圆拱，额角不明显，侧叶方形突出，眼为卵圆形。第2~3腹节后下角呈钝齿状。尾节为圆三角形，末端两侧各有一角质齿。上唇半圆形，中间有细刺毛。鳃足亚螯状，第1鳃足较细，底节板前端较宽，腕节三角形，掌角有一刺，指节爪状。第2鳃足大于第1鳃足，雄性的特

图5-88　强壮藻钩虾

别发达；腕节三角形，有短后叶；掌节长方形，掌缘平截；指节镰刀状。雌性第2鳃足掌节与第1鳃足者相似。第3、第4步足相似，底节板前缘略拱，后缘稍凹，基节较宽，指节小。第5步足略小于第6、第7步足，底节板有突出的前叶，基节宽卵圆形。第6、第7步足较长，基节窄卵圆形。尾肢双肢，第1、第2尾肢柄部长于两分肢，柄与分肢都有小刺。第3尾肢粗壮，有3枚刺，成1排，节的内侧末缘有1排刺。体呈绿色或灰绿色，常有黑色斑点。

分布与习性：本种分布于我国南北沿海，朝鲜、日本、美国沿海及北美太平洋海岸也有分布。栖息于潮间带或潮下带海藻丛中。

经济意义：本种经济价值不大，可作为饵料。

大螺赢蜚 *Corophium major* Ren，1992（图5-89）

分类地位：软甲纲 Malacostraca　端足目 Amphipoda　螺赢科 Corophiidae

形态特征：体型小，躯体强壮，背腹扁平。头部额角突出，侧叶钝圆，无眼。胸

部宽短，后下角尖突。第1、第2腹节后下角钝尖，第3腹节较长，后下角弯钩状。第4～6腹节明显分界。尾节宽度大于长度，末端3个小凹刻，两侧无小刺。雄性第1触角细长，长度可达第3腹节的前缘。第2触角粗壮，长于第1触角，柄基部节末端有2个刺突。雌性个体额角较小，第1触角柄部第1节下缘末端有

图5-89　大蜾蠃蜚

1枚活动刺，鞭18节。第2触角柄部第3节下缘末端有1枚活动刺，第4柄节下缘有2枚活动刺。第1鳃足底节板向前突出，顶端有3～4枚短的侧刚毛和3枚长的羽状刚毛，基部有1枚齿（雌性则无此齿），齿上有短毛。第2鳃足较大，基节前缘有一齿形突，而雌性则缺乏该齿形突。第3、第4步足基节较长，掌节细。第6～7步足底节板向后突出，基节窄长。第7步足最长。

分布与习性：本种分布于我国南北沿海。常栖息于水深4～31 m的软泥底的泥管中。

经济意义：个体较小，经济价值不大，可用作饵料。

日本大螯蜚 *Grandidierella japonica* Stephense，1938（图5-90）

分类地位：软甲纲 Malacostraca　端足目 Amphipoda　蜾蠃科 Corophiidae

形态特征：体型小，躯体细长。额角短钝，侧叶钝圆。眼较小，卵圆形。背腹略扁平，底节板较小。雄性第1胸节有中腹齿，第1～3腹节后腹角钝圆，第4～6腹节分节清楚。尾节完全，末端有2个乳状突，末端常有小刺。第1触角长达胸部末节。第2触角雄性较雌性者略强壮。上唇前缘拱，中间有细毛；下唇有内叶，侧角尖突。雄性第1鳃足强壮，腕节长方形，宽阔，上缘有脊状摩擦响器，末缘下角有突出齿，内侧面有2枚齿，指节爪状。第3、第4步足简单，长节略长，掌节与指节略细。第5～7步足较强壮，基节较宽阔。第1尾肢长度超过第2、第3尾肢，双肢；第2尾肢柄略短于分肢；第3尾肢单肢，分肢长于柄，两侧有刺。

分布与习性：本种分布于我国渤海、黄海和东海。栖息于潮间带至水深40 m的软泥底。

经济意义：个体较小，经济价值不大，可用作饵料。

图5-90 日本大鳌蜚

河蜾蠃蜚 *Monocorophium acherusicum*（Costa，1853）（图5-91）

分类地位：软甲纲 Malacostraca 端足目 Amphipoda 蜾蠃科 Corophiidae

图5-91 河蜾蠃蜚

形态特征：体型小，躯体平扁。头部宽大于长，雄性头部前缘深凹，额角小而尖，低于两侧角。侧叶圆。眼圆而小，黑褐色。第1～3腹节分离，第4～6腹节愈合。尾节半圆形，有2丛小脊。雄性第1触角柄部第1节粗壮，腹缘末端有1枚刺。雌性第1触角顶面观内侧面有4枚小刺，基部刺常内弯，腹缘有3枚大刺，第2柄节无刺。第1鳃足的掌节长卵圆形，掌缘斜拱，有小齿。第2鳃足指节有2枚附加齿。第3、第4步足简单，指节较长；第5、第6步足同形；第6步足基节卵圆形，有侧缘刚毛。第1尾肢柄部长于分肢，柄和分肢有侧缘刺，分肢末端有刺；第2尾肢较短，柄内侧缘有1枚刺，两分肢有刺；第3尾肢柄短，分肢卵圆形，有长刚毛。

分布与习性：本种为广分布种，分布于中国南北沿海，也见于日本、澳大利亚、新西兰、大西洋、欧洲和南北美洲沿海。

经济意义：个体较小，经济价值不大，可用作饵料。

中华蜾蠃蜚 *Sinocorophium sinensis*（Zhang，1974）（图5-92）

分类地位：软甲纲 Malacostraca 端足目 Amphipoda 蜾蠃科 Corophiidae

形态特征：体型小，体长8.6 mm，体扁平而纤细。额角刺状，无眼。尾体部3个体节分界清楚；尾节小，中部背面凹陷。第1底节板向前延伸，延伸的顶尖有3枚羽状刚毛。第1触角纤细，第1柄节内缘中部有一钝齿状突起，近前端腹面有一活动刺；第2触角粗大，其柄部基节腹面末端有2个毗连的强大刺状突起，内侧者稍长。下唇外叶

外侧缘中部呈角状突起；大颚发达，触须2
节，第2节顶端有一长大的羽状刚毛。颚足
须4节；第2鳃足非亚螯状，大于第1鳃足，
其基节前缘近末端处有一明显的齿状突
起。第3与第4步足较粗壮。第5步足很长，
座节短，掌节长于腕节，腕节长于长节，
掌节长约等于指节长的3倍。尾肢基肢与
内、外肢的边缘皆有活动刺。

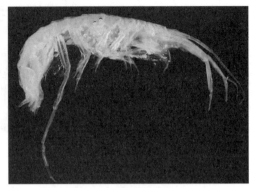

图5-92　中华蜾蠃蜚

分布与习性：本种分布于我国黄渤海，在日本、韩国沿海也有分布。栖息于河口泥
沙底质的中潮带至低潮带下部，以小河床两岸最为密集，密度可达5 000～10 000个/米^2。
穴居于U形管穴中。

经济意义：个体较小，经济价值不大，可用作饵料。

朝鲜马尔他钩虾 *Melita koreana* Stephensen，1944（图5-93）

分类地位：软甲纲 Malacostraca　端足目 Amphipoda　马尔他钩虾科 Melitidae

图5-93　朝鲜马尔他钩虾

形态特征：体型小，躯体细长，
侧扁，较强壮。头部额角不明显，侧
叶圆突；眼圆，呈褐色。第1～3腹
节无背齿，第3腹节后下角钝尖，雄
性第5腹节后背缘每侧有3枚刺，雌
性有1枚刺。尾节两叶。末端有3～4
枚刺。第1触角18～25节，附鞭短，2～3节。第2触角较细短，鞭短于柄，8～12节。
小颚触须2节。第2小颚内板前缘有刚毛。鳃足亚螯状，第1鳃足细小，雄性掌节小于
腕节，掌缘短而凹；雌性掌节几乎为长方形，掌缘短而平截，指节爪状。第2鳃足发
达。第1、第2步足细弱，第3～5步足强壮，形状近似，基节宽阔，有后叶。雌性第4
步足底节板前叶呈钩状后弯。第1尾肢长于第2尾肢，第3尾肢外肢发达，长为柄的3
倍，末端有3～4枚小刺，内肢很短小，鳞片状。

分布与习性：本种分布于我国南北沿海，也见于朝鲜和日本沿海。

经济意义：个体较小，经济价值不大，可用作饵料。

细巧仿对虾 *Batepenaeopsis tenella*（Spence Bate，1888）（图5-94）

分类地位：软甲纲 Malacostraca　十足目 Decapoda　对虾科 Penaeidae

形态特征：体细长，体长40~60 mm。甲壳薄，平滑。额角短直，上缘基部微突，其上有6~8枚锯齿。头胸甲没有胃上刺。眼上刺小。触角刺上方有后伸的纵缝，其长度约为头胸甲的2/3。腹部第3~6节背面有弱的纵脊。第1及第2步足有基节刺，第5步足细长。雄性交接器略呈锚状。雌性交接器的前板宽大，中央有深的纵沟，前板与后板间有膜质的间隙，后板不覆于

图5-94　细巧仿对虾

前板的上方。体呈淡黄色到淡棕色，头胸甲及腹部各节散布棕红色的斑点，头胸甲前缘、后缘及各腹节后缘颜色较深。

分布与习性：本种多分布于我国山东半岛以南各海区。生活于泥沙底质浅海，多与鹰爪虾一起捕获。

经济意义：本种可鲜食或干制虾米。

中国对虾 *Penaeus chinensis*（Osbeck，1765）（图5-95）

别名：中国明对虾、东方对虾、青虾、黄虾

分类地位：软甲纲 Malacostraca　十足目 Decapoda　对虾科 Penaeidae

图5-95　中国对虾

形态特征：体型大，雌性体长可达20 cm，雄性体长可达17 cm，体侧扁。甲壳薄，光滑透明。额角细长，平直前伸，其上缘基部有7~9枚齿，末端尖细部分无齿；下缘有3~5枚小齿。头胸甲额角后脊延伸至头胸甲中部。头胸甲有触角刺、肝刺和胃上刺。第1触角较长。前3对步足皆呈钳状，后2对步足爪状。雄性第1对腹肢的内肢特化成钟形交接器；雌性在第4和第5步足基部之间有一圆盘状交接器。生活个体身体较透明，雌性呈青蓝色，腹部肢体略带红色，生殖腺成熟前呈绿色，成熟后呈黄绿色，一般常称为青虾；雄性体色较黄，故称为黄虾。

分布与习性：本种为中国和朝鲜特有种，主要分布在我国黄海、渤海，也少量见于东海及南海东北部。生活于泥沙底质浅海，以小型甲壳动物、小型双壳类、多毛类

以及其他幼体为食。生活在黄海的群体有长距离洄游的习性。

经济意义：肉质鲜美，营养丰富，可加工成虾干、虾米，为我国重要的经济资源，是重要的出口水产品。本种在我国沿海有较长的养殖历史，且在20世纪90年代年产量曾超过自然海域捕捞量。近些年，因环境变化和人类捕捞加剧，资源量在黄渤海严重下降。

鹰爪虾 *Trachysalambria curvirostris*（Stimpson，1860）（图5-96）

别名：厚壳虾、立虾

分类地位：软甲纲 Malacostraca　十足目 Decapoda　对虾科 Pcnacidac

形态特征：体型较大，体较粗短，体长6～11 cm。甲壳厚，表面粗糙不平。额角平直前伸，末端尖锐，稍向上弯，雌性额角略长于雄性；其上缘有5～7枚齿，下缘无齿。头胸甲有触角刺、肝刺、上眼刺。第1触角内、外鞭等长。第2触角鳞片窄长。5对步足皆有外肢。腹部第2～6节背面有纵脊。尾节较短，其后部两侧各有3枚较小的活动刺。雄性交接器对称，略呈T形，基部较宽，侧缘直，末端向两侧伸出翼状突

图5-96　鹰爪虾

起。雌性交接器由前、后两片组成，其前缘有V字形缺刻。体棕红色，甲壳肉红色，腹部各节前缘白色，后缘棕黄色，体弯曲时斑纹像鹰爪，故名"鹰爪虾"。

分布与习性：本种为广分布种，见于我国南北沿海。栖息于浅海泥沙质海底，昼伏夜出，夏、秋季间在较浅处产卵，冬季向较深处移动。

经济意义：鹰爪虾在黄渤海具有较大的资源量，在黄渤海渔汛期为6～7月（夏汛）及10～11月（秋汛）。其肉味鲜美，为重要的经济虾类。可鲜食及制虾米，以鹰爪虾制成的海米俗称金钩海米，色味俱佳。

中国毛虾 *Acetes chinensis* Hansen，1919（图5-97）

别名：毛虾

分类地位：软甲纲 Malacostraca　十足目 Decapoda　樱虾科 Sergestidae

形态特征：体型小，体长25～42 mm。体极侧扁，甲壳薄。额角短小，侧面呈三角形，侧缘有2枚齿。头胸甲有眼后刺及肝刺。眼圆形，眼柄细长。步足3对，末端细

图5-97 中国毛虾

小，钳状，第3步足最长。雄性交接器头状部略呈弯曲的圆棒状，末部膨大。雌性第3步足基部之间腹甲向后突出，称为生殖板。雌性第1腹肢无内肢。体无色透明，仅口器部分及第2触鞭呈红色，尾肢内肢基部有1列2～10个红色小点。

分布与习性：本种为广分布种，在我国南北沿海均有分布。在近岸生活，多在海湾或河口附近。生长迅速，生命周期短，繁殖力强，世代更新快，游泳能力弱。具有昼夜垂直与季节水平移动的特性。

经济意义：本种在我国沿海有较大的资源量，尤以渤海沿岸产量最大，年产可达10万吨。因个体小，少数鲜食，大多加工成生干虾皮、熟虾皮、虾酱、虾油等，为重要的经济虾类。

鲜明鼓虾 *Alpheus digitalis* De Haan，1844（图5-98）

别名：嘎巴虾、卡搭虾、枪虾、乐队虾、共生虾

分类地位：软甲纲 Malacostraca　十足目 Decapoda　鼓虾科 Alpheidae

形态特征：体型中等大，体长40～60 mm。体粗圆，甲壳光滑，头胸甲光滑无刺。额角细小，刺状，额角后脊伸至头胸甲中部。第1步足为螯肢，特别强壮，左、右两螯的大小及形状均不相同，雄性较雌性的粗大。大螯的钳部完全超出第1触角柄末端，钳扁而宽，外缘厚；小螯短，指长为掌部长的2倍左右，二指内缘弯曲，仅在末端合拢。体色鲜艳，有美丽斑纹，头胸甲后部有3个棕黄色纹与白色纹相间排列，腹部各节背面有棕黄色纵斑。

图5-98 鲜明鼓虾

分布与习性：本种为温水种，分布于我国浙江以北沿海。多栖息于低潮线以下的泥沙中，营穴居生活。遇敌时开闭大螯之指，发出"咔吧"声响并射出一股水流来打击敌人。

经济意义：本种为黄渤海习见种，但产量不大。可以鲜食或制成海米。

日本鼓虾 *Alpheus japonicus* Miers，1879（图5-99）

别名：嘎巴虾、卡搭虾、枪虾、乐队虾、共生虾

分类地位：软甲纲 Malacostraca　十足目 Decapoda　鼓虾科 Alpheidae

形态特征：体型小，体圆粗，长30～55 mm。
头胸甲光滑无刺。额角稍长而尖，额角后脊宽
短，不明显。第1步足特别强大，钳状，左右不
对称，大螯窄长，掌节的内、外缘在可动指基部
后方各有一极深的缺刻；小螯细长；大、小螯掌

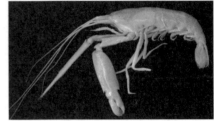

图5-99　日本鼓虾

节内侧末端各有一尖刺。第2步足细小，钳状，腕节分5节。末3对步足爪状。尾节背
面圆滑，无纵沟，有2对较强的活动刺。生活个体身体背面为棕红色或绿褐色，腹部
每节的前缘为白色。

分布与习性：本种为广分布种，见于我国南北沿海。生活于低潮线以下泥沙底质
的浅海中。鼓虾遇敌时开闭大螯之指发出声响，声如小鼓，故称鼓虾。繁殖期在秋
季，卵产出后抱于雌性腹肢间直到孵化。

经济意义：本种在我国黄渤海具有较大的资源量，渔获物中多有此种。可鲜食及
制虾米。

东方长眼虾 *Ogyrides orientalis*（Stimpson，1860）（图5-100）

分类地位：软甲纲 Malacostraca　十足目 Decapoda　长眼虾科 Ogyrididae

图5-100　东方长眼虾

形态特征：体型小，体长15～25mm，
体细长。额角小，近三角形。头胸甲背
面中央前半部有纵脊，脊之前部有3～5
枚活动刺，头胸甲表面有小凹点及短
毛。腹部侧扁，第5～6节间弯曲，第6
节背面前沿隆起。尾节舌状，基部宽，

末端钝，背面中央凹下，其两侧各有活动刺2枚；腹面肛门两侧各有3条弯脊。眼小，
眼柄特长。第3颚足细棒状，有外肢。步足前2对细小，钳状，第2步足腕节由4节构
成；后3对步足指节呈长叶片状，末端无爪。各步足皆有刚毛。雄性腹肢的基肢较雌
性粗壮。生活个体身体透明，体表散布红色及黄色斑点，以腹部后缘较多。

分布与习性：本种分布于辽宁、山东、江苏各省沿海。生活于泥或沙底质浅海，常潜于泥沙中。繁殖季节在夏末。

经济意义：本种在辽东半岛沿海具有一定的资源量，可以鲜食或制成海米。

日本褐虾 *Crangon hakodatei* Rathbun，1902（图5-101）

别名：桃花虾

分类地位：软甲纲 Malacostraca　十足目 Decapoda　褐虾科 Crangonidae

形态特征：体型中等大，体长可达63 mm。体细长，体表粗糙不平，有短毛。额角窄长，末端约与眼相齐。头胸甲背中线有1枚齿。腹部第3～6节背面中央有明显的纵脊。尾节长而细，约与头胸甲长相等，背面下陷为纵沟。第1触角上鞭通常不能伸达第2触角鳞片末缘。第2触角鳞片窄长。第3颚足较短。第1步足掌部长约为宽的2.7倍，第2和第3步足较细。

分布与习性：本种为温水种，常见于我国黄渤海和东海北部，在西伯利亚、朝鲜半岛和日本沿海也有分布。

经济意义：本种在我国黄渤海具有一定的资源量，尤其在渤海莱州湾春季采捕量较大，是重要的小型经济虾类。肉味鲜美，可鲜食及制虾米，卵可干制虾籽。

图5-101　日本褐虾

黄海褐虾 *Crangon uritai* Hayashi & J.N. Kim，1999（图5-102）

别名：桃花虾

分类地位：软甲纲 Malacostraca　十足目 Decapoda　褐虾科 Crangonidae

形态特征：体型中等大，体长35～55 mm。背腹略扁，头胸粗，腹部后半细。额角平扁，末端钝圆，中央凹下，略呈匙状。头胸甲宽圆，有胃上刺、肝刺、触角刺及颊刺；触角刺外侧有纵缝，向后与眼眶触角沟汇合。腹部背面各节圆滑无脊，第6节腹面中央有纵沟。各对步足基节间的腹甲上均有刺，雌虾抱

图5-102　黄海褐虾

卵期时第2～5步足间无刺。第3颚足有外肢，内肢细长而扁。第1步足强大，呈半钳状，钳宽扁，活动指弯刀状，不动指刺状。第2步足细，钳极小。第3步足最细小。第4、第5步足较粗大，第5步足指节长约为掌节的4/5。腹肢内肢均短小，无内附肢。体色有变化，身体背面有黑色、白色与棕色小点相间，无固定花纹，颜色颇似海底沙砾。

分布与习性：本种为温水种，常见于我国黄渤海和东海北部，在西伯利亚、朝鲜半岛和日本沿海也有分布。

经济意义：本种在我国黄渤海具有一定的资源量，是重要的小型经济虾类。肉味鲜美，可鲜食及制虾米，卵可干制虾籽。

葛氏长臂虾 *Palaemon gravieri*（Yu，1930）（图5-103）

别名：红虾、桃红虾

分类地位：软甲纲 Malacostraca　十足目 Decapoda　长臂虾科 Palaemonidae

形态特征：体较短，体长40～65 mm。眼柄粗短，眼发达。额角长，上缘基部平直，末端细，微向上方弯曲；其上、下缘均有齿，上缘有12～17枚齿，末端有1～2枚小附加齿，下缘有5～7枚齿。头胸甲前侧圆形无刺，触角刺及鳃甲刺大而明显，均伸出前缘之外，鳃甲沟明显。5对步足均细长，前两对步足钳状；末3对步足形状相似，掌节后缘无小刺，指节细长。腹部第3～5节背面中央有纵脊，但不明显。在第3和第4节间腹部弯曲。体透

图5-103　葛氏长臂虾

明，微带淡黄色，有棕红色斑纹。繁殖季节在4～5月，卵呈棕绿色。

分布与习性：本种为温水种，分布于我国浙江以北沿海。生活于泥沙底质浅海，河口附近也有。

经济意义：本种在黄渤海具有一定的资源量，是经济虾类之一。可鲜食及制虾米。

锯齿长臂虾 *Palaemon serrifer*（Stimpson，1860）（图5-104）

分类地位：软甲纲 Malacostraca　十足目 Decapoda　长臂虾科 Palaemonidae

形态特征：体型中等大，体长约30 mm。额角短，约与头胸甲等长，末端平直，不上翘；上缘有9～11枚齿，末端有1～2枚小附加齿，下缘有3～4枚齿。头胸甲的触角刺及鳃甲刺较大，有鳃甲沟。腹部各节背面圆滑无脊，仅第3节末部中央稍隆起。尾节

较短，略长于第6节，后侧缘刺较粗大。第1步足细小，腕节较长。第2步足较长。末3对步足较粗短。体透明，头胸甲有棕褐色细纵纹，腹部各节也有横纹和纵纹，卵呈棕绿色。

图5-104 锯齿长臂虾

分布与习性：本种为广分布种，分布于我国南北沿海，从南非至南西伯利亚沿海广泛分布。多生活于低潮线附近的沙或泥沙质浅海底。

经济意义：本种在黄渤海常见。可鲜食及制虾米。

脊尾白虾 *Palaemon carinicauda* Holthuis，1950（图5-105）

分类地位：软甲纲 Malacostraca　十足目 Decapoda　长臂虾科 Palaemonidae

形态特征：体型较大，体长50～90 mm。额角细长、侧扁，其长度大于头胸甲，基部1/3呈鸡冠状，末端尖细，上扬；上缘隆起部分有6～9枚齿，尖端附近有一附加小齿，下缘3～6枚齿。头胸甲触角刺小，鳃甲刺大，无肝刺，鳃甲沟明显。腹部第3～6节背面有明显纵脊。第1步足短小。第2步足粗壮，掌部膨大，指节细长。末3对步足爪状，指节细长。第5步足掌节后缘末端附近有横向短毛刺。体透明，微带红色或蓝色小斑点，腹部各节后缘颜色较深。死亡个体呈白色。煮熟后除头尾稍呈红色外，其余部分都是白色的，故称"白虾"。

分布与习性：本种为广分布种，见于我国南北沿海，在朝鲜半岛至新加坡沿海都有分布。为近岸广盐广温种，多生活于泥沙质底的浅海或河口附近，盐度不超过29的海域或近岸河口及半咸淡水域中。

经济意义：本种在我国沿海具有较大的资源量，尤其在渤海和黄海沿岸各大河口区产量很大。在我国北方每年产量达数千吨，仅次于中国对虾和中国毛虾，为重要的经济虾类，已开展人工养殖。肉质细嫩，味道鲜美，除鲜食以外还可加工成虾米，虾干，其卵则可制成虾籽。

图5-105 脊尾白虾

秀丽白虾 *Palaemon modestus*（Heller，1862）（图5-106）

别名：太湖白虾

分类地位：软甲纲 Malacostraca　十足目 Decapoda　长臂虾科 Palaemonidae

形态特征：体型中等大，体长30～50 mm。额角较短，末端微上扬，略超出第2触角鳞片后端；上缘基部的鸡冠状隆起比末端尖细部长；其上有7～11枚齿，末端无附加小齿，下缘中部多有2～4枚齿。头胸甲有触角刺和鳃甲刺，无肝刺，鳃甲沟

图5-106　秀丽白虾

明显且长。腹部各节背面圆滑无脊。第2步足指节长约等长于掌部，腕节甚长。第3步足指节长为掌节的2/3，第5步足指节长为掌节的2/5。末3对步足指节短于掌节，掌节腹缘都有小刺。体透明，体表散布棕色斑，卵呈浅棕绿色。

分布与习性：本种分布于我国福建以北沿海，在西伯利亚和朝鲜沿海也有分布。生活于淡水湖泊及河流中，偶见于河口区。

经济意义：本种在黄渤海和东海具有较大的资源量，为常见的经济虾类。可食用，还可加工成虾米、虾干，其卵则可制成虾籽。

细螯虾 *Leptochela gracilis* Stimpson，1860（图5-107）

分类地位：软甲纲 Malacostraca　十足目 Decapoda　玻璃虾科 Pasiphaeidae

形态特征：体型中等大，体长20～35 mm。体表光滑，额角短小呈刺状，上、下缘均无锯齿。头胸甲光滑无刺或脊。腹部仅第4～5节背面中央有纵脊，第5节脊末端突出成一长刺，第6节前缘背面有隆起的横脊。尾节平扁，两侧有2对活动刺，末缘较宽，中央尖而突出，后侧角边缘有5对活动刺。尾肢略短于尾节，内、外肢外缘均有毛和小刺。眼球

图5-107　细螯虾

状，眼柄短。第2触角鳞片长，末端刺状。第1、第2步足长，钳细长。后3对步足指节末端圆形，不呈爪状。雄性第1腹肢的内肢宽大，第2腹肢内肢内缘有棒状的雄性附肢。生活个体半透明，有红色细斑，口器部分及腹部各节后缘为红色。

分布与习性：本种为广分布种，在我国沿海均有分布，在朝鲜半岛、日本和新加坡沿海都有分布。多生活于泥沙底质的浅海。

经济意义：本种为近岸常见种，具有一定的资源量，因个体小，少数鲜食，大多加工成生干虾皮、熟虾皮、虾酱、虾油等，为重要的经济虾类。

泥虾 *Laomedia astacina* De Haan，1841（图5-108）

分类地位：软甲纲 Malacostraca　十足目 Decapoda　泥虾科 Laomediidae

形态特征：体型中等大，体长约50 mm。体似蝼蛄虾，但腹部窄而厚，稍侧扁。额角略呈三角形，末端钝，边缘有密毛。头胸甲背面的颈沟很浅，两侧有平行的鳃甲线，自头胸甲前缘伸至末缘。腹部第2~5节侧甲板发达。尾节宽短，舌状。眼小。第2触角鳞片退化，为小片状。第1对步足左右对称，螯状；指节略短于掌部，两指内缘有细小的齿状突；腕节短，略呈三角形。其他4对步足简单。雄性缺第1对腹肢，雌性第1腹肢细小单枝。第2~5腹肢内、外肢皆窄长，无内附肢。尾肢内、外肢均宽，且有横缝。体为土黄色或棕黄色，背面有时稍有蓝绿色。穴居于软泥或泥沙中，自潮间带中区向下分布。

分布与习性：本种分布于我国南北沿海。

经济意义：本种可用作鱼、虾饲料。

图5-108　泥虾

绒毛细足蟹 *Raphidopus ciliatus* Stimpson，1858（图5-109）

分类地位：软甲纲 Malacostraca　十足目 Decapoda　瓷蟹科 Porcellanidae

形态特征：体型小，头胸甲长约8 mm，呈卵圆形。表面粗糙密生短毛，边缘有长毛，背面隆起，前侧缘突出。有3枚小额齿。第2触角向后伸，其长为头胸甲长的4~5倍。螯足强壮且多毛，左、右螯大小不等，长节表面粗糙，内缘有一长而弯的尖刺。腕节背面有纵脊，脊上有小刺，内缘有锯齿，外缘有4~5枚小刺。左螯掌部长，可动指内缘有小锯齿。右螯不动指内缘中间有一强壮

图5-109　绒毛细足蟹

齿。第2~4步足细长，稍扁。第5步足特小，折藏于头胸甲后缘两侧。腹面尾节7片，其中后侧片宽大于长。体呈灰白色或淡褐色，毛呈灰褐色。

分布与习性：本种为习见种，在全国各省沿海均有分布。生活于低潮线下软泥或沙泥底质浅海。

经济意义：本种在近岸张网作业中常可捕到，多与毛虾、细螯虾等相混杂。可食用。

寄居蟹 *Pagurus minutus* Hess，1865（图5-110）

分类地位：软甲纲 Malacostraca　十足目 Decapoda　寄居蟹科 Paguridac

形态特征：体型较小，头胸甲毛少而平滑。额角三角形，比两侧角略高。眼柄长于第2触角棘。第1触角柄长于第2触角柄。第3颚足座节有发达的锯齿，有一附属齿，基部中缘有一小齿。右螯比左螯强大；长节腹面中间有一大粒；腕节比长节短，外面有6~7纵列刺状齿，内面散布突粒。掌部比腕节略短，背面有很多小粒；不动指比掌部短，外面散布突粒；可动指背面有3纵列小粒，两指内缘有4枚大钝齿，1枚在不动指，3枚在可动指。螯的

图5-110　寄居蟹

腹面有稀疏小粒。左螯小，长节、腕节紧缩，有长毛及刺。第1步足腕节及掌节上缘有丛毛；腕节上缘有强锯齿，指节细，比掌节长，下缘小刺较多。尾节下端有2个小叶，末缘各有2~4枚刺。头胸甲前半部呈暗褐色，后半部呈浅褐蓝色。螯足及步足呈深蓝青色。步足指节远、近端呈暗褐色，中间部分呈白色，有纵粉红色或红褐色条纹，并有暗红色或褐色斑点。步足腕节和掌节侧面各有红褐色或暗褐色纵条纹。

分布与习性：本种为广分布种，分布于我国南北沿海，从日本到南非沿海都有分布，多见于潮间带。

经济意义：本种可用作鱼、虾饲料，但个体较小，经济价值不大。

红线黎明蟹 *Matuta planipes* Fabricius，1798（图5-111）

分类地位：软甲纲 Malacostraca　十足目 Decapoda　黎明蟹科 Matutidae

形态特征：体型中等大，头胸甲长35.0 mm，宽36.0 mm。头胸甲近圆形，背面中部有6枚小突起，表面有细颗粒，尤以鳃区的颗粒较密，表面有红色斑点连成的红线。额稍宽于眼窝，中部突出，前缘由一V形缺刻分成二小齿。前侧缘有不等大的小

图5-111 红线黎明蟹

齿，侧刺粗壮，末端尖。螯足粗壮，掌节内缘有一列小齿及短毛，外缘有3齿，外侧面有3列小突起，近基部有一锐齿，锐齿前面有一光滑隆脊，延伸至不动指末端。两指内缘有钝齿。末对步足呈浆状，前3对步足长节后缘有锯齿，而末对长节的后缘则无齿，但边缘有密毛。

分布与习性：我国从北至南沿海均有分布。日本从东京湾至九州沿海，澳大利亚的西北部沿海，印度尼西亚、泰国、新加坡、印度、南非沿海均产。生活于细、中沙或碎壳泥质沙底，水深16～40 m，退潮时也可采到。扁平的步足有助于游泳；受惊时末对步足可用来掘沙挖穴，体后部先入穴。

经济意义：本种可用作鱼、虾饲料。

中华虎头蟹 *Orithyia sinica*（Linnaeus，1771）（图5-112）

别名：乳斑虎头蟹

分类地位：软甲纲 Malacostraca 十足目 Decapoda 虎头蟹科 Orithyiidae

形态特征：体型中等大，头胸甲长为81.0 mm，宽73.0 mm。头胸甲呈卵圆形，背面隆起，密布粗细不一的颗粒，分区显著，各区都有约14枚对称的疣状突起。额有3枚锐齿，中齿大而突出。眼窝大，凹深，上眼窝缘有2枚钝齿和颗粒，外眼窝齿较大，下内眼窝齿粗壮。前侧缘有2枚疣状突起，后侧缘有3枚刺，末刺最小。两性螯足均不对称，长节内缘末端有一刺，背缘、外缘近末端也各有一刺。腕节内缘有3枚刺，中

图5-112 中华虎头蟹

齿锐长。掌节背面中央末端有一刺，背缘有2枚刺。较大螯足的可动指短于不动指，两指内缘有钝齿，基半部的齿粗大；较小的螯足其两指内缘的齿较细。第4步足呈浆状，末2节宽扁，指节卵圆形。两性腹部均分为7节，第1节中部有一突起；第2～3节有3枚突起，以中央1枚为锐长，突起之间有粗颗粒。雄性第1腹肢粗壮，末端有小齿。生活个体全身呈褐黄色。鳃区各有一紫红色乳斑，因此也称乳斑虎头蟹。

分布与习性：本种在我国南北沿海均有分布，国外仅发现于朝鲜沿海。生活于浅海泥沙质底。

经济意义：此种蟹为中国特产，肉可食用。

日本拟平家蟹 *Heikeopsis japonica*（von Siebold，1824）（图5-113）

别名：平家蟹

分类地位：软甲纲 Malacostraca　十足目 Decapoda　关公蟹科 Dorippidae

形态特征：体型中等大，头胸甲宽稍大于长，前宽后窄，表面密覆短毛，分区显著。肝区较凹。前鳃区周围有深沟，中、后鳃区隆起。中胃区两侧各有一深色斑点状凹陷及细沟。胃区小而明显。心区凸，其前缘有一V形缺刻。额窄，由一V形缺刻分成两齿。内口沟隆脊不突出。内眼窝齿钝，外眼

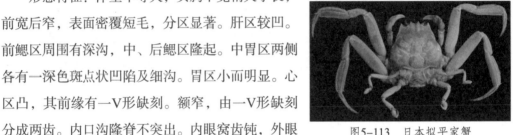

图5-113　日本拟平家蟹

窝齿呈三角形，下内眼窝齿短。雌性螯足较小，对称；长节呈三棱形，略弯曲；腕节短小而隆起；掌部不膨大，宽为长的2倍。前2对步足瘦长，第2对长于第1对，长节边缘有细颗粒和短毛。腕节前缘近末端有毛。掌节边缘及指节前、后缘的基半部有刚毛。末2对步足短小，有短绒毛。第4对步足较第3对瘦长，掌节后缘基部突出，有一撮短毛，指节呈钩状。雌性腹部呈长卵圆形，分为5节；第2~5节愈合，第3~5节中部各有一横行隆脊；第6节略呈半圆形，中部隆起，两侧有纵沟。尾节呈钝三角形。

分布与习性：本种分布于中国近海，在日本、朝鲜半岛和越南沿海也有分布。

经济意义：可食用，也可用作鱼、虾饲料，但个体较小，经济价值不大。

颗粒拟关公蟹 *Paradorippe granulata*（De Haan，1841）（图5-114）

别名：关公蟹

图5-114　颗粒拟关公蟹

分类地位：软甲纲 Malacostraca　十足目 Decapoda　关公蟹科 Dorippidae

形态特征：体型小，头胸甲长19.8 mm，宽21.5 mm。头胸甲长大于宽，前半部较后半部窄，分区明显。全身除指节外均有密集粗颗粒。背面以鳃区的颗粒较为稠密。额分为两齿，且有绒毛。内眼窝齿短，而外眼窝齿突出，稍长于额齿。内口沟隆脊突出于额齿间。雌性螯足对称。雄性则常不对称，较大螯足掌部膨肿，其宽为长的2倍；较小螯足的掌部

不膨肿，宽不足于长的2倍。前2对步足甚长，第2对长于第1对，长节前缘有短刚毛。后2对步足短小，有短软毛，未2节呈钳状。两性腹部均分为7节。雄性第1腹肢分为2节，基节较长，基半部宽于末半部，后者逐渐趋窄；末节粗短，膨肿，腹外侧膨肿，呈钝圆形，末部有几枚几丁质突起。

分布与习性：本种在全国沿海自北至南均可采获，在朝鲜、日本及俄罗斯符拉迪沃斯托克沿海也有分布。栖息于水深8～154 m的泥质沙、软泥或沙质碎壳海底。

经济意义：肉可食用，也可用作鱼、虾养殖饲料。

端正拟关公蟹 *Paradorippe polita*（Alcock & Anderson，1894）（图5-115）

别名：关公蟹

分类地位：软甲纲 Malacostraca　十足目 Decapoda　关公蟹科 Dorippidae

形态特征：体型小，头胸甲长13.0 mm，宽15.0 mm。头胸甲较光滑，分区明显。额短，有2枚三角形齿及短毛。内口沟隆脊甚突。内眼窝齿宽钝，外眼窝齿呈宽三角形；下（腹）内眼窝齿粗壮，有短毛。多数中等大的雄性个体的螯足对称，少数发育好的个体，则左、右螯大小悬殊；各节边缘有长毛；掌节光滑，宽大于长，内缘末端有时有一圆形突起，位于不动指外缘的基部。两指内缘有小齿。前2对步足光滑无毛，第2对比第1对长，腕节、掌节扁平，中央各有1条纵沟，指节边缘薄锐。后2对步足短小，指节呈钩状。两性腹部均分为7节。雄性第1腹肢膨大，有几枚几丁质突起。

分布与习性：本种在我国沿海均产，在印度沿海也有分布。栖息于从潮间带至潮下带水深80 m处的泥质沙或软泥质底。常用后2对步足钩住一片贝壳，盖在背上，以掩护自己，遇敌时藏入壳下不动或弃壳逃命。

图5-115　端正拟关公蟹

隆线强蟹 *Eucrate crenata* De Haan，1835（图5-116）

分类地位：软甲纲 Malacostraca　十足目 Decapoda　宽背蟹科 Euryplacidae

形态特征：体型中等大，头胸甲长27.5 mm，宽34 mm。头胸甲略呈圆方形，宽约为长的1.2倍。分区不明显，背面较光滑，有细颗粒。额缘中央有一浅缺刻分成2叶，额-眼窝后面至第2前侧齿处有一浅沟。腹内眼窝缘内角突出，后有2枚小齿，接一较大的齿。前侧缘短而弯，共有4齿（包括外眼窝齿），前3齿近于等大，

图5-116　隆线强蟹

末齿最小，有一短脊，后侧缘斜直，内侧有一不明显的纵脊。螯足稍不对称，表面光滑，长节表面光滑，末部宽于基部，外缘近中部有一小齿，近末端1枚齿较大。腕节末缘及外侧面末部有短绒毛。步足表面光滑，末3节边缘有短毛，以第1对步足为最长，依次渐短。雄性腹部分为7节，前3节较宽，第3、第4节迅速向第5节基部变窄，第6节呈长方形，尾节呈长三角形。雄性第1腹肢中部向外弯曲，末部有许多小刺。酒精标本体呈肉色或旧象牙色，较新鲜标本的头胸甲背面及螯足有红色微细斑点，前侧缘末齿内侧有一红色小斑。

分布与习性：本种在我国沿海均产，在朝鲜、日本、泰国、印度沿海及红海均有分布。栖息于潮间带至水深8～100 m的软泥、沙质泥及碎壳质底海域。

经济意义：肉可食用，也可用作鱼、虾养殖饲料。

沈氏厚蟹 *Helice tridens sheni* Sakai，1939（图5-117）

分类地位：软甲纲 Malacostraca　十足目 Decapoda　弓蟹科 Varunidae

形态特征：体型中等大，雄性头胸甲长19 mm，宽23.9 mm。头胸甲矩形，表面隆起，有细颗粒，分区明显，胃区有H形沟。额弯，向下突出。前缘中部内陷，侧缘向前收敛，前侧缘有3枚齿（不包括外眼窝齿），第1齿大，第2齿小而尖，第3齿最小。眼窝大，背缘斜，中部突出，腹缘有颗粒及软毛。雄性下眼窝脊有15～18个粗颗粒脊；雌性有1列较小的颗粒。螯足对称，雄

图5-117　沈氏厚蟹

性大于雌性，长节呈三角形，表面生有短毛。腕节背面较光滑，内末角有2枚齿。

分布与习性：本种为广分布种，分布于我国南北沿海，日本、朝鲜沿海也有分布。栖息于潮间带上区的泥沙质或软泥质底，也能在潮上带穴居，洞穴深而直。

经济意义：本种虽个体不大，但在潮间带滩涂上具有较大的资源量，具有较大的生态意义。肉可食用。

天津厚蟹 *Helice tientsinensis* Rathbun，1931（图5-118）

别名：烧夹子

分类地位：软甲纲 Malacostraca　十足目 Decapoda　弓蟹科 Varunidae

形态特征：体型中等大，头胸甲长28 mm，宽35 mm。头胸甲矩形，宽大于长，背面凹凸不平，有细麻点及颗粒隆线。分区明显，胃区、心区有一H形沟。额向下弯，额缘中央凹，两端钝圆形，背面中线有一宽沟，前侧缘有3齿（不包括

图5-118　天津厚蟹

外眼窝齿），第1齿最大，末齿最小，几乎难以辨认。下眼窝脊有一隆脊，约有50枚颗粒脊组成，中部有5~6枚较大突起，雌性中部无较大突起，均由颗粒组成。第3颚足之间有菱形空隙，表面中部有宽而光滑的沟贯穿整个长节，并延伸至座节末部。螯足内缘有粗颗粒，背缘甚隆起，有短的隆脊；腕节内末角有2枚尖齿，掌节粗短；两指合拢时空隙较大，内缘有钝齿或小齿。

分布与习性：本种在我国沿海均有分布，国外仅在朝鲜沿海有分布。栖息于潮间带上区或潮间带的泥滩或泥沙滩，尤其在河口附近很多，常穴居在距海岸较远的泥沼或芦苇丛间的泥滩上。

经济意义：可用作鱼、虾饲料。因数量较大，在滩涂上具有重要的生态意义。

伍氏厚蟹 *Helicana wuana*（Rathbun，1931）（图5-119）

分类地位：软甲纲 Malacostraca　十足目 Decapoda　弓蟹科 Varunidae

形态特征：体型中等大，头胸甲长18 mm，宽22.8 mm。外形与沈氏厚蟹近似，主要区别有以下两点。第一，本种雄性下眼窝脊由11~14个长形且相互连接的突起组成，雌性有13~16个颗粒；沈氏厚蟹下眼窝脊约有18枚颗粒组成，雄性比雌性的大。第二，本种前3对步足的掌节及腕节有短绒毛，而沈氏厚蟹仅在前2对步足的掌节及腕节有短绒毛。

图5-119　伍氏厚蟹

分布与习性：本种分布于我国山东、浙江、福建及台湾等沿海，在朝鲜、日本沿海也有分布。栖息于潮间带内海或河口的泥滩或芦苇泥岸。

经济意义：本种在潮间带滩涂常见，具有一定的资源量，可食用。

日本绒螯蟹 *Eriocheir japonica* （De Haan，1835）（图5–120）

分类地位：软甲纲 Malacostraca　十足目 Decapoda　弓蟹科 Varunidae

形态特征：体型中等大，头胸甲长56 mm，宽61 mm。头胸甲前半部较后半部窄，表面与中华绒螯蟹颇为相似。额宽约为头胸甲最宽处的1/3，前缘分为四齿，居中的两齿较钝圆，两侧的较尖锐。眼窝背缘有一缝，外眼窝角锐。前侧缘（连外眼窝角在内）共分为四齿，末齿几乎仅留痕迹，有时发展为小刺。螯足长节呈

图5–120　日本绒螯蟹

三棱形，内腹缘有刚毛，腕节内末角有一棘，掌节有厚密的绒毛，并扩展到腕节末端及两指的基部，两指内缘的齿较钝。步足长节前缘有刚毛，腕节的前缘及前节的前缘、后缘均有棕色的长刚毛，尤以前缘为长，指节前缘、后缘有短刚毛。

分布与习性：本种分布于广东、福建等地，在黄河口也有采集到，在朝鲜东部、日本沿海也有分布。生活于河流中，特别是在河口半咸水底层较为常见。

经济意义：可食用。

中华绒螯蟹 *Eriocheir sinensis* H. Milne Edwards，1853（图5–121）

别名：毛蟹、河蟹、清水蟹、大闸蟹

分类地位：软甲纲 Malacostraca　十足目 Decapoda　弓蟹科 Varunidae

图5–121　中华绒螯蟹

形态特征：体型较大，头胸甲呈圆方形，宽稍大于长，边缘有细颗粒，前半部窄于后半部，背面隆起。胃前区有6枚突起。额分为四齿，齿缘有锐颗粒。眼窝深，背眼窝缘有颗粒。螯足粗壮，雄性螯足大于雌性，长节三菱形，背缘近末端处有一锐刺。步足扁平，第1～3步足腕节与前节的背缘均有刚毛，末对步足前节与指节基部的背缘与腹缘皆密生刚毛。雄性掌、指节基半部的内、外面均有绒毛，而雌性的绒毛仅着生于外侧，内侧无毛。

分布与习性：本种为温水种，分布于我国福建以北沿海，朝鲜西岸以及欧洲北部沿海也有分布。本种虽在淡水中生长，繁殖后代则在河口附近的浅海中，幼蟹沿入海的河口向内陆水系群集，再溯江河而上。喜栖息于江河、湖泊的泥岸洞穴里和匿藏于石砾下或水草丛中。

经济意义：本种在我国分布范围较广，江河湖泊及河口区均有较大产量，其中江苏阳澄湖和淀山湖出产的最为肥大，产量也最高。肉肥味鲜，是重要的经济蟹类，已开展大面积人工养殖。

绒毛近方蟹 *Hemigrapsus penicillatus*（De Haan，1835）（图5-122）

分类地位：软甲纲 Malacostraca　十足目 Decapoda　弓蟹科 Varunidae

形态特征：体型较小，头胸甲长29 mm，宽33.1 mm。外形与肉球近方蟹十分近似，区别之处在于本种的头胸甲背面更隆起，肝区、心区、肠区及后鳃区均较低凹。额缘宽为头胸甲宽的1/2，前缘中部微凹。下眼窝脊由6～8枚颗粒突起组成。前侧缘有3枚齿（包括外眼窝

图5-122　绒毛近方蟹

齿），第1齿大，第2齿小而尖锐，末齿最小。雄性螯足掌部内侧及两指内缘基部有一撮绒毛，内侧面的绒毛较外侧多；雌性螯足掌部内侧及两指内缘基部无绒毛。

分布与习性：本种在我国沿海均有分布，在朝鲜及日本沿海也有分布。栖息于潮间带中、上区，一般生活在岩岸泥沙滩的碎石下或石缝中，以及河口泥沙滩上。

经济意义：可食用，也可用作鱼、虾养殖饲料。

肉球近方蟹 *Hemigrapsus sanguineus*（De Haan，1835）（图5-123）

分类地位：软甲纲 Malacostraca　十足目 Decapoda　弓蟹科 Varunidae

形态特征：体型较小，头胸甲长27.3 mm，宽32 mm。头胸甲呈近方形，宽稍大于长，前半部稍隆起，略宽于后半部，背面有分散的细颗粒，光滑无毛。肝区及后侧部较低平，前胃区隆起，胃-心区之间有一横行浅沟。额缘宽小于头胸甲宽的1/2，前缘完整不分齿。前侧缘有3枚齿（包括外眼窝齿），前两齿近于等大，末齿

图5-123　肉球近方蟹

最小，齿后向内侧有一斜脊终止于末对步足基部上方。下眼窝脊由细颗粒组成一条完整的隆脊，内侧的颗粒较外侧大。螯足长节呈短三角形，背缘隆起，内侧近内缘有一斜行毛脊，腕节内末角呈刺状。掌部膨肿，光裸无毛。两性指节稍有不同，雄性在两指基部之间有一膜质圆球，雌性及未发育好的雄性均无。

分布与习性：本种分布于我国南北沿海，在日本、朝鲜、澳大利亚及新西兰等沿海也有分布。栖息于潮间带中、上部岩岸的碎石下或石缝中。

经济意义：可食用，也可用作鱼、虾饲料，但个体较小，经济价值不大。

中华近方蟹 *Hemigrapsus sinensis* Rathbun，1931（图5-124）

分类地位：软甲纲 Malacostraca　十足目 Decapoda　弓蟹科 Varunidae

形态特征：体型小，头胸甲长4.1 mm，宽4.9 mm。头胸甲表面凹凸不平，胃-心区有一H形沟。胃区有分散的颗粒，中胃区明显，两侧有一斜行颗粒隆起，延伸至第3前侧齿基部；前胃区隆起，有颗粒隆线，另有一斜行相似隆线位于后侧缘后部内侧，终止于末对步足基部上方。额弯向腹面，两侧稍凹，前缘分为明显的2叶。眼窝稍向后倾斜。下眼窝脊有1列颗粒，

图5-124　中华近方蟹

外侧较内侧的颗粒细而大，第2齿次之，第3齿最小。螯足对称，粗壮；腕节内末角有一齿；掌部背缘及外侧面有几条颗粒隆线，外侧面的基半部有一撮绒毛，两性均有毛，与其他近似种显著不同。

分布与习性：本种分布于辽东半岛、山东半岛及福建沿岸。栖息于近河口的潮间带泥沙滩石块下。

经济意义：可食用。

狭颚绒螯蟹 *Neoeriocheir leptognathus*（Rathbun，1913）（图5-125）

分类地位：软甲纲 Malacostraca　十足目 Decapoda　弓蟹科 Varunidae

形态特征：体型小，头胸甲长15 mm，宽16.4 mm。头胸甲呈圆方形，背面中部隆起，有细麻点，无疣状突起。胃区、心区、鳃区之间有不明显的H形浅沟。额缘较平直，有不明显的4枚齿：第1齿（外眼窝齿）最大，末齿最小，由它引入鳃区的颗粒隆线与后侧缘形成一斜面，后缘宽而平直。第3颚足瘦长，长节长大于宽，两颚足之

间空隙较大，末3节中以指节为最长。螯足长节内侧面有稀疏软毛。腕节内角呈齿状，内侧面有一丛绒毛。掌节内侧面大部分及指节基部密布绒毛。雌性腕节内侧无绒毛，指、掌节的绒毛也不如雄性浓密。

图5-125 狭颚绒螯蟹

分布与习性：本种栖息于河口泥沙质底，在我国沿海及朝鲜西部沿海均有分布。

经济意义：本种为小型蟹类，经济价值不大，可用作鱼、虾饲料。

豆形拳蟹 *Pyrhila pisum*（De Haan，1841）（图5-126）

分类地位：软甲纲 Malacostraca 十足目 Decapoda 玉蟹科 Leucosiidae

图5-126 豆形拳蟹

形态特征：体型中等大，头胸甲长25.0 mm，宽24.0 mm。头胸甲呈圆形，背面有浅沟，分区明显，中部隆起，胃区、心区及鳃区均有大小不一的颗粒群，基部1/3较光滑。额短，前缘中部稍凹，两侧角稍突出。肝区斜面显著，侧缘有细颗粒。雄性的后缘较平直，而雌性的则稍突出。螯足粗壮，背面在基半部近中线有颗粒脊，近边缘密布细颗粒。两性腹部均分为3节（第4～6节愈合），雄性呈锐三角形，而雌性则为长卵圆形。

分布与习性：本种在我国沿海均产，在日本、朝鲜、新加坡、菲律宾沿海及美国普吉特海峡也有分布。一般生活在浅水及低潮线的泥沙滩上。

经济意义：本种在潮间带滩涂上具有较大的资源量，有较大的生态意义。

宽身大眼蟹 *Macrophthalmus*（*Macrophthalmus*）*abbreviatus* Manning & Holthuis，1981（图5-127）

分类地位：软甲纲 Malacostraca 十足目 Decapoda 大眼蟹科 Macrophthalmidae

形态特征：头胸甲甚宽，约为其长的2.3倍，背面有颗粒，雄性个体较雌性更明显。分区明显，各区之间有前沟隔开，胃区呈近方形，心区呈长方形。额窄而突出。眼窝很宽，眼柄细长，侧缘密布长软毛。前侧缘共有3枚小齿，其

图5-127 宽身大眼蟹

中第1齿尖锐，第3齿小。雌性螯足小，雄性螯足大且长。雄性腹部呈钝三角形；雌性为扁圆形，几乎全覆盖胸部腹甲，表面光滑。体呈黄绿色，腹面及螯足呈棕黄色。

分布与习性：本种为广分布种，分布于我国南北沿海，在日本和朝鲜沿海也有分布。常穴居于近海或河口的泥滩上，爬行迅速。

经济意义：本种体型虽较小，但在潮间带滩涂上具有较大的资源量，有较大的生态意义。肉可食用。

日本大眼蟹 *Macrophthalmus japonicus* de Haan，1835（图5-128）

分类地位：软甲纲 Malacostraca　十足目 Decapoda　大眼蟹科 Macrophthalmidae

形态特征：体型中等大，头胸甲呈长方形，长16～25 mm，宽一般23～39 mm。背面中部光滑，两侧有密的细颗粒，表面有横、纵沟，分区明显。额较窄，稍向下弯，前缘截形，背面有一纵沟。眼柄细长，长为体长的近1/2，眼窝宽，眼窝背缘、腹缘均有细锯齿。头胸甲侧缘有颗粒，前侧缘有3枚

图5-128　日本大眼蟹

齿，第1、第2齿均有窄深的缺刻分开，第3齿小但明显。螯足对称，长节较粗而长，内侧面及腹面均密布短毛，两指间合拢时空隙很小。体呈褐绿色。

分布与习性：本种分布于我国南北沿海，也见于日本、朝鲜和新加坡等海域。多穴居于潮间带中潮区或高潮区的泥沙质和软泥质底。

经济意义：本种在潮间带滩涂上具有较大的资源量，有较大的生态意义。肉可食用。

锯脚泥蟹 *Ilyoplax dentimerosa* Shen，1932（图5-129）

分类地位：软甲纲 Malacostraca　十足目 Decapoda　毛带蟹科 Dotillidae

形态特征：体型小，头胸甲长5.7 mm，宽8.4 mm。分区不明显，但胃区、心区可辨。背面有带毛的颗粒，鳃区的颗粒较中部各区密而明显。额较宽，边缘有光滑脊，背面中部有浅沟并延伸至胃区。背、腹眼窝缘均有细颗粒，外眼窝齿小而锐，齿后微凹。螯足长节背缘、

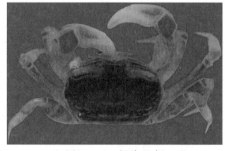

图5-129　锯脚泥蟹

腹缘有分散颗粒，内侧面有一长卵圆形的鼓膜；腕节长稍大于宽，背面光滑，内缘有细颗粒；掌节外侧面光滑，背缘、腹缘各有1列颗粒脊，腹面及内侧面仅在基部处有细颗粒。步足光裸无毛，第2对最长，末对最短。前2对步足的长节有明显的鼓膜，后2对步足的鼓膜不明显。第3对步足腕节末缘有细锯齿，指节短而尖。

分布与习性：本种分布于我国山东等沿海。穴居于低潮线的泥滩上。

经济意义：本种为小型蟹类，经济价值不大，可用作鱼、虾饲料。

谭氏泥蟹 *Ilyoplax deschampsi*（Ratbun，1913）（图5-130）

别名：迷你辣椒蟹

分类地位：软甲纲 Malacostraca　十足目 Decapoda　毛带蟹科 Dotillidae

形态特征：体型小，头胸甲长7.0 mm，宽11.2 mm。头胸甲呈矩形，分区不明显。背面有短刚毛和横行皱襞。额较宽，背面有一宽的纵沟。眼窝宽而深，有细颗粒及短毛。外眼窝齿呈三角形，后面有一小缺刻与侧缘分开。前侧缘有一齿，后缘平截，整个边缘有颗粒及刚毛。雄性螯足比雌性的大，长节粗短，边缘锐利，有细锯齿，内侧面有卵圆形

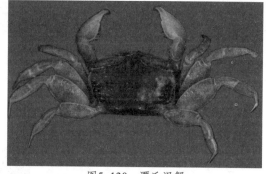

图5-130　谭氏泥蟹

鼓膜；掌部宽于长，背缘有颗粒脊，外腹缘有1条颗粒脊，从基部延伸到不动指的末端，内侧面凹凸不平，有颗粒脊；指节长于掌节，两指内缘有不明显的小齿。

分布与习性：本种分布于我国渤海湾及辽东半岛、上海崇明岛沿海，在日本、朝鲜沿海也有分布。栖息于潮间带近河口泥底质海岸。

经济意义：本种为小型蟹类，经济价值不大，可用作鱼、虾饲料，也是常见的观赏蟹类之一。

秉氏泥蟹 *Ilyoplax pingi* Shen，1932（图5-131）

分类地位：软甲纲 Malacostraca　十足目 Decapoda　毛带蟹科 Dotillidae

形态特征：体型小，头胸甲长为7.8 mm，宽12.6 mm。头胸甲呈矩形，壳厚实，背面粗糙，有颗粒短刚毛隆脊。分区不明显。近后侧缘的侧面有一斜列短毛隆脊。额宽前缘向下弯，背面中央有一宽纵沟延伸至胃区。心区、胃区与鳃区有不明显的沟隔

开。眼窝深，背缘、腹缘有细颗粒及刚毛，中部略隆起，外眼窝齿呈三角形，并指向前侧方，齿后微凹。雄性螯足大于雌性，长节有尖颗粒，表面有分散的刚毛，两指合拢时基部有缝隙。雌性螯足指节内缘有更细的锯齿，可动指近基部仅有1枚小齿。前3对步足的长节在绒毛下有较大的鼓膜。

分布与习性：本种分布于我国山东半岛、辽东半岛沿海及渤海湾。栖息于近河口的海岸泥滩的洞穴内。

经济意义：本种在潮间带滩涂上具有较大的资源量，有较大的生态意义。肉可食用。

图5-131　秉氏泥蟹

异足倒颚蟹 *Asthenognathus inaequipes* Stimpson，1858（图5-132）

分类地位：软甲纲 Malacostraca　　十足目 Decapoda　　弓蟹科 Varunidaeidae

形态特征：体型小，头胸甲长8.3 mm，宽12.1 mm。头胸甲呈梯形，分区不明显，前侧缘明显向前收敛，后侧缘与内侧呈一小平面，背面中部有一H形沟。额与眼窝等宽，前缘平直，中线有一不明显的纵沟。眼柄中等长。第3颚足座节稍长于长

图5-132　异足倒颚蟹

节，基部甚宽。雄性螯足粗壮，掌部厚，可动指中部有一齿，不动指无齿。雌性螯足瘦长，两指合拢时稍有空隙。步足以第2对为最长，第4对最短，但第2、第3对的长节宽扁，密覆绒毛。雄性腹部第3~5节愈合，第2节最短，呈条状，尾节钝圆形。雌性尾节宽圆形。雄性第1腹肢呈棒状，末端钝圆，并有短毛。

分布与习性：本种为我国渤海、黄海、东海底栖动物常见种，在中国北方和东部发海域常见，在日本沿海也有分布。栖息于水深10~65 m的泥沙质底海域。

经济意义：可食用，也可用作鱼、虾饲料，但体型小，经济价值不大。

双斑鲟 *Charybdis*（*Gonioneptunus*）*bimaculata*（Miers，1886）（图5-133）

别名：赤甲红

分类地位：软甲纲 Malacostraca　十足目 Decapoda　梭子蟹科 Portunidae

图5-133　双斑鲟

形态特征：体型中等大，密覆短绒毛。头胸甲背面微隆起，有分散的细颗粒。在前胃区、中胃区及后胃区各有1条明显的横行短颗粒脊。额区有2条横脊，前鳃区的1条横脊最长并稍弯。在中鳃区各有一黑色斑点，双斑鲟由此得名。额前分为四齿，呈钝圆形，中央1对较两侧的突出。螯足稍不对称，长节前缘有3枚齿，后缘有1枚齿，背面末半部有鳞片颗粒。第4步足为游泳足，长节后缘外末角有一锐刺。甲壳呈淡青色，腹部白色。

分布与习性：本种为广分布种，分布于我国南北沿海，在朝鲜、日本、菲律宾、澳大利亚、印度和马尔代夫及非洲东南沿海均有分布。栖息于水深9～439 m的泥沙或碎壳质的海底。

经济意义：可食用，肉、壳均可入药。

日本鲟 *Charybdis*（*Charybdis*）*japonica*（A. Milne-Edwards，1861）（图5-134）

别名：赤甲红、石钳爬、石蟹

分类地位：软甲纲 Malacostraca　十足目 Decapoda　梭子蟹科 Portunidae

形态特征：体型大，雄性头胸甲长约59.4 mm，雌性头胸甲长约48 mm。头胸甲略呈扇形，表面隆起，多有绒毛。额稍突，有6枚齿，中央两齿稍突出。头胸甲前侧缘呈弧状，有6枚尖锐的锯齿。两螯足粗壮、光滑，不甚对称。步足3对，各节背缘、腹缘均有刚毛。第4对胸足掌节与指节均扁平呈桨状，适于游泳。生活个体头胸甲与螯足表面呈深绿色或棕红色，两指外侧呈紫色，步足上面呈棕紫色，下面色浅。

图5-134　日本鲟

分布与习性：本种为广分布种，在我国见于南北沿海，在日本、泰国、马来西亚等海域及红海也有分布。多栖息于低潮线有海草或泥沙质的海底，或潜伏石块下，为潮间带最常见的种类之一。

经济意义：本种在黄渤海资源量较大，是一种重要的经济蟹类。肉味鲜美，肉、壳均可入药，可治疥癣、皮炎、湿热、产后血闭。

三疣梭子蟹 *Portunus trituberculatus*（Miers，1876）（图5-135）

别名：梭子蟹、枪蟹、海螃蟹、海蟹、水蟹、门蟹、小门子、三点蟹、童蟹、飞蟹

分类地位：软甲纲 Malacostraca　十足目 Decapoda　梭子蟹科 Portunidae

形态特征：体型大，雌性较雄性大，雄性头胸甲长77～82 mm，雌性头胸甲长61～102 mm。头胸甲呈梭形，宽约为长的2倍，表面稍隆起，有分散的细小颗粒。额有2枚锐刺，略小于内眼窝齿。胃区和鳃区各有1对颗粒隆线。疣状突起共3个，胃区1个，心区2个。前侧缘有9枚锯齿，最末1枚长大，呈棘刺状，使头胸甲形成梭状，故称三疣梭子蟹。螯足粗壮，长于头胸甲宽，长节呈棱柱形，前缘有4枚锐刺，雄性的掌

图5-135　三疣梭子蟹

节比雌性的长。步足3对，末2节侧扁。第4对胸足呈桨状，长节、腕节均宽短。腹部（蟹脐）扁平，雄性呈三角形，雌性呈圆形。生活个体雄性背面呈茶绿色，雌性背面呈紫色，腹面均呈灰白色，头胸甲及步足表面均有紫色或白色云状斑纹。

分布与习性：本种为广分布种，见于我国南北沿海，在日本、朝鲜半岛、马来群岛等海域及红海也有分布。性凶猛好斗，生活在水深10～30 m的沙或泥沙底质的浅海。白天潜伏海底，夜间出来觅食并有明显的趋光性，属于杂食性动物。

经济意义：本种肉质细嫩、洁白，富含蛋白质、脂肪及多种矿物质，产量很高，是一种重要的大型经济蟹类，也是我国主要的出口畅销品之一，我国已开展人工养殖。此外，肉、壳均可入药。

第四节　鱼类

　　鱼类在黄河三角洲保护区水深3 m以浅的浅海共发现35种，分别隶属于鳀科、鲱科、银鱼科、鲻科、海龙科、鲬科、杜父鱼科、花鲈科、鲷科、石首鱼科、锦鳚科、虾虎鱼科、牙鲆科、舌鳎科、魨科等16科，其中虾虎鱼科为常见类群，共发现8种。

　　多棘小公鱼 *Stolephorus shantungensis*（Li，1978）（图5-136）

　　别名：小公鱼

　　分类地位：辐鳍鱼纲 Actinopterygii　鲱形目 Clupeiformes　鳀科 Engraulidae

　　形态特征：体型小，体长，较侧扁，背缘平直，腹缘略圆凸。头较长。吻突出，吻端较尖。眼大，前上位。眼间隔宽。头背部有3条细棱，中间的最长，从枕骨伸达吻端。口大，下位，口裂平直。上颌骨长，末端截形，伸达前鳃盖骨前缘。辅上颌骨较细而长，呈棒状。上颌、下颌、腭骨及犁骨有细牙。鳃孔大。鳃盖光滑。鳃盖条为11枚。鳃盖膜彼此微相连，不与颊部相连。鳃耙细而硬。假鳃发达。体被薄而大的圆鳞，鳞片易脱落。无侧线。背鳍始于腹鳍基部稍前上方，终止在臀鳍起点之前的上方。臀鳍完全在背鳍的后下方。胸鳍侧下位。腹鳍腹位，最长鳍条长于吻长。尾鳍叉形。体白色，体侧中部有1条银色纵带，从鳃盖后缘伸达尾鳍基。各鳍淡白色。

　　分布与习性：本种为中国特有种，分布于渤海和黄海。为近海中上层小型鱼类。栖息于表层至水深20 m的海域，也进入河口区。不喜强光。有昼夜垂直移动习性。滤食性，以浮游生物为食。

　　经济意义：产量低，经济价值不高。

图5-136　多棘小公鱼

　　赤鼻棱鳀 *Thryssa kammalensis*（Bleeker，1849）（图5-137）

　　别名：尖嘴、尖口、赤鼻、黄姑、突鼻、肥肤、红鼻

分类地位：辐鳍鱼纲 Actinopterygii　鲱形目 Clupeiformes　鳀科 Engraulidae

形态特征：体型小，体长80～105 mm。体长而侧扁，腹缘突出，在腹鳍前更为明显。腹部侧扁，有棱鳞。头中等大。吻突出，吻长比眼径大。眼间隔隆凸。口下位而斜。上颌比下颌长。牙细小。鼻孔每侧2个，距眼缘较距吻端为近。鳃孔大。鳃耙细长。鳞为大圆鳞，除头部外全体有鳞。无侧线。背鳍起点在腹鳍起点之后。臀鳍起点距腹鳍起点比距尾鳍基近。胸鳍低，尖端伸达腹鳍。腹鳍比胸鳍短，起点距胸鳍起点比臀鳍起点更近。尾鳍深叉形。背部灰黑色，侧上方微绿，两侧及下部银白色。

分布与习性：本种分布于印度-西太平洋，在我国分布于南北沿海。为浅海中上层小型鱼类。

经济意义：可食用，经济价值不大。

图5-137　赤鼻棱鳀

中颌棱鳀 *Thryssa mystax*（Bloch & Schneider，1801）（图5-138）

别名：油条、长须、含梳、颌梳

分类地位：辐鳍鱼纲 Actinopterygii　鲱形目 Clupeiformes　鳀科 Engraulidae

形态特征：体型小，体长95～105 mm。体长而侧扁，背缘稍隆凸，腹缘隆凸，在臀鳍以前更明显。头颇小，侧扁。吻圆钝，稍突出。眼位于头前部的侧面。鼻孔近于眼。口大。前颌骨小而狭。牙细小。鳃孔大。有假鳃。鳃盖膜分离，也不连于颊部。鳃耙细长。鳞圆形，大而薄，除头部外全体均有鳞片。无侧线。体色上部为灰黑色，侧上方微绿色，两侧及下方银白色。鳃孔后上方有一大黑斑。

分布与习性：本种分布于印度-西太平洋，在我国分布于黄海、东海和南海。为近海暖温性小型鱼类。

经济意义：可食用，产量不大。

图5-138　中颌棱鳀

斑鰶 *Konosirus punctatus*（Temminck & Schlegel，1846）（图5-139）

别名：扁鰶、气泡鱼、刺儿鱼、油鱼

分类地位：辐鳍鱼纲 Actinopterygii　鲱形目 Clupeiformes　鲱科 Clupeidae

形态特征：体型中等大，体长可达270 mm。身体呈长椭圆形，极侧扁，背缘、腹缘均中间膨凸，向头尾两端逐渐减低。腹部极扁，自胸部至肛门有尖棱鳞。头和吻均短而尖。眼中等大，侧上位；眼间隔中等宽，稍隆凸。鼻孔较小，每侧两个，近吻端。口小，下位而稍斜。上颌较下颌为长。鳃孔大。前鳃盖骨及鳃盖骨无锯刺。鳞圆形，很薄。无侧线。背鳍中等长，最后一鳍条延长为丝状。臀鳍基部较背鳍基部为长。胸鳍低，末端几乎达腹鳍起点。腹鳍较胸鳍为短，未伸达臀鳍。尾鳍深叉形。头、体背面呈灰绿色，两侧下部银白色。鳃孔后上方有一明显的大黑斑。体侧上方有多行纵列的小黑点。

分布与习性：本种广泛分布于印度-太平洋沿海和河口，见于我国南北沿海。喜群居于水深5～15 m的近海港湾河口附近，以浮游生物为食。

经济意义：本种为近海习见的小型食用鱼，在黄渤海具有一定的资源量，常出现于渔获物中。肉细味美，富含脂肪，可食用。

图5-139　斑鰶

青鳞小沙丁 *Sardinella zunasi*（Bleeker，1854）（图5-140）

别名：柳叶鱼、青皮、青麟、沙丁鱼、扁仔

分类地位：辐鳍鱼纲 Actinopterygii　鲱形目 Clupeiformes　鲱科 Clupeidae

形态特征：体型小，体长180 mm。身体侧面观近长方形，极侧扁，背缘微隆，腹缘弯凸，棱鳞强大。头短小，侧扁。吻短于眼径。眼中等大，侧上位，有脂膜。每侧有2个小鼻孔，位于吻端与眼前缘中间。眼间隔窄平。口小，前上位。下颌稍长于上颌。牙细长，上颌、下颌、腭骨及舌部均有牙。鳃孔大。鳃盖膜分离，不和颊部相连。鳃盖条6枚。鳃耙细长。假鳃发达。鳞大而薄，为圆形，除头部外，全体均有鳞。无侧线。背鳍起点在腹鳍起点的前上方。臀鳍中等长。胸鳍位低，末端未伸达腹鳍。腹鳍小于胸鳍。尾鳍深叉形。体背部呈灰黑色，侧上方微绿色，两侧及下方银白色。各鳍均呈灰白色。

分布与习性：本种为近海中上层鱼类，在我国主要分布于黄渤海，东海也可见。栖息于沿海和港湾。杂食性，摄食浮游生物及其他小型无脊椎动物。

经济意义：本种在我国辽宁、河北和山东海域具有较大的资源量，是常见经济鱼类之一。肉味鲜美，可食用。

图5-140　青鳞小沙丁

安氏新银鱼 *Neosalanx anderssoni*（Rendahl，1923）（图5-141）

别名：面条鱼、银鱼、面丈鱼

分类地位：辐鳍鱼纲 Actinopterygii　胡瓜鱼目 Osmeriformes　银鱼科 Salangidae

形态特征：体细长，体长一般100 mm。体型中等大，近圆筒形，前部平扁，后部侧扁。头尖且平扁。吻短而圆钝。眼中等大，中侧位，眼间隔宽平。口中等大，前位，下颌略长于上颌。体表无鳞，仅雄性臀鳍基部上方有1行20～23枚鳞。无侧线。背鳍1个，近体后部。脂鳍很小，位于接近臀鳍后部鳍条的上方。臀鳍始于背鳍末端后下方。胸鳍有发达肌肉基。腹鳍起点接近体中部。尾鳍叉形。生活个体呈乳白色，半透明状。吻背部、鳃盖后缘及背部有明显黑色斑点，腹侧胸鳍和臀鳍间每侧有1行黑点。尾鳍后端呈浅灰黑色。

分布与习性：本种分布于我国和朝鲜半岛沿海，在我国主要分布于辽宁、鸭绿江、渤海和黄海沿岸至长江口区域。为近海洄游性小型经济鱼类，多栖息于河口及近岸沿海。产卵后亲体死亡，寿命为1年。

经济意义：本种为我国北方重要经济鱼类之一，可食用。

图5-141　安氏新银鱼

大银鱼 *Protosalanx hyalocranius*（Abbott，1901）（图5-142）

别名：面条鱼、银鱼、面丈鱼

分类地位：辐鳍鱼纲 Actinopterygii　胡瓜鱼目 Osmeriformes　银鱼科 Salangidae

形态特征：体长形，前部平扁，后部侧扁。体长为体高的7～8.2倍。头宽且很平扁，体长为头长的4.6～4.7倍。吻尖，平扁。眼侧位。眼间隔宽平。口小，口裂短。前颌骨不膨大。上颌骨向后伸达眼中间的下方，下颌突出。前颌骨牙1行，颌骨牙每侧2行，下颌牙每侧2行，舌上有2行牙。鳃孔很大。鳃盖骨薄。鳃耙短，3+13，有假鳃。尾柄短。肛门靠近臀鳍。体光滑。仅雄性臀鳍部有1行鳞。背鳍靠近身体后部，位于臀鳍的前上方。脂鳍与臀鳍基末端相对。臀鳍大，基部长，始于背鳍的后方。胸鳍基部的肉质片很发达，胸鳍呈扇形。腹鳍起点距鳃孔比距臀鳍起点近。尾鳍叉形。体白色，半透明状。

分布与习性：本种分布于我国渤海、黄海和东海，在朝鲜、日本等沿海也有分布。喜栖息于静水环境中，多生活于水体的中、上层。为小型肉食性凶猛鱼类，以小型野杂鱼类为食，有同类相残现象。

经济意义：本种在我国具有一定的资源量，经济价值较高，为我国北方重要经济鱼类之一，可食用。

图5-142　大银鱼

鲻 *Mugil cephalus* Linnaeus，1758（图5-143）

别名：青头、乌鱼、鲻鱼、乌仔鱼

分类地位：辐鳍鱼纲 Actinopterygii　鲻形目 Mugiliformes　鲻科 Mugilidae

形态特征：体型中等大，体延长，前端近圆筒形，后部侧扁。头短，侧扁，两侧略隆起。眼中等大，脂眼睑发达，眼间隔宽平。口下，亚腹位。上、下颌牙细弱。鳃孔宽大，鳃耙细密。体被大的弱栉鳞，头部被圆鳞。侧线发达。背鳍2个。臀鳍较大，始于第2背鳍前方。胸鳍宽大，上侧位。腹鳍短于胸鳍。尾鳍叉形。生活个体背部呈青灰色，体侧呈银白色，腹部白色。腹鳍暗黄色，其余鳍呈浅灰色，有黑色小点。胸鳍基部上方有一黑斑。

分布与习性：本种为广温广盐性鱼，广泛分布于温带至热带各大洋沿岸水域，见于我国南北沿海。多栖息于泥沙底质的近海和河口区。性活泼，生长迅速，生活力强。

经济意义：本种在我国南北沿海均具有一定的资源量，有较高经济价值。已开展人工养殖。

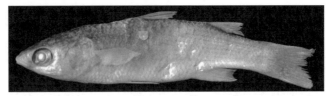

图5-143　鲻

鲅 *Planiliza haematocheilus*（Temminck & Schlegel，1845）（图5-144）

别名：梭鱼、红目鲢、红眼

分类地位：辐鳍鱼纲 Actinopterygii　鲻形目 Mugiliformes　鲻科 Mugilidae

形态特征：体型中等大，梭形，前部亚圆筒形，后部侧扁；背缘平直，腹缘弧形。头中等大，稍平扁。吻短。眼较小，前侧位，脂眼睑不发达，眼间隔宽且平坦。鼻孔每侧2个，位于眼的前上方。口小，口裂横平。鳃孔宽大，假鳃发达，鳃耙细密。头部被圆鳞，第2背鳍、臀鳍、腹鳍和尾鳍被小圆鳞，其余部位被弱栉鳞。无侧线。体呈青灰色，腹部呈银白色，体侧上部有数条黑色条纹，各鳍呈浅灰色。

分布与习性：本种为西北太平洋广分布种。在我国沿海均有分布，在日本和朝鲜半岛等海域也有分布。为近海暖水性鱼类，多栖息在浅海和河口区。以底泥中的有机物为食。春季3、4月本种于河口附近产卵，以桡足类、多毛类等为食。

经济意义：本种在我国黄渤海具有较大的资源量，有较高经济价值，肉味鲜美。为海港养殖的主要对象之一。

图5-144　鲅

日本海马 *Hippocampus mohnikei* Bleeker，1853（图5-145）

别名：海马

分类地位：辐鳍鱼纲 Actinopterygii　刺鱼目 Gasterosteiformes　海龙科 Syngnathidae

形态特征：体型小，侧扁，腹部突出。头部与体轴呈直角，其上有发达的小刺和棱棘。体冠矮小，有不突出的钝棘。吻管状，短。眼中等大，位于两侧，较高位。鼻孔小，每侧2个，相距较近。口小，前位；无牙。肛门位于臀鳍稍近前方。雄性尾部前方腹面有育儿袋。体无鳞，覆盖以骨环。无侧线。背鳍发达，臀鳍小，胸鳍宽短呈扇形，无腹鳍和尾鳍。体呈黑色或暗褐色，吻部和体侧有斑纹。

图5-145　日本海马

分布与习性：本种为西太平洋广分布种。在我国南部沿海均有分布，也见于日本和越南等沿海。为暖温性近海小型鱼类，多栖息于沿海和内湾低潮线海藻间。直立游泳，以尾部卷曲握附在海藻上。

经济意义：本种为珍贵中药材，有镇静安神、散结消肿等作用。某些海域已开展人工养殖。

鲬 *Platycephalus indicus*（Linnaeus，1758）（图5-146）

别名：拐子、百甲鱼、牛尾鱼、辫子鱼

分类地位：辐鳍鱼纲 Actinopterygii　鲉形目 Scorpaeniformes　鲬科 Platycephalidae

形态特征：体长形，平扁，向后稍尖。头甚扁平。吻背面近半圆形。眼中等大，侧上位。眼间隔宽，中间微凹。鼻孔2个。口中等大，前位，向后前方为斜。下颌较上颌长。前鳃盖骨后角，有2个大尖棘。鳃孔宽大。鳃盖膜分离。鳃盖条7枚。假鳃发达。体被小栉鳞。侧线1条，侧位，近直线形。背鳍2个。臀鳍与第2背鳍相对称。胸鳍短圆形。尾鳍截形。体黄褐色，头及体均有黑褐色斑点，体下淡黄白色。背鳍鳍棘及背鳍鳍条上，有黑褐色小点。胸鳍呈灰黑色，后缘常为黄色。尾鳍有灰黑色横斑、黑色纵带状斑及黄色间隙。腹鳍及臀鳍淡黄白色。

分布与习性：本种广泛分布于印度-太平洋。在我国见于南北沿海。为暖水性底栖鱼类，多栖息于沿岸沙泥底，也生活于河口区。利用体色隐匿于泥沙中，躲避天敌和捕食猎物。

经济意义：本种在黄渤海很常见，产量大。肉质鲜美。

图5-146　鲬

松江鲈 *Trachidermus fasciatus* Heckel，1837（图5-147）

分类地位：辐鳍鱼纲 Actinopterygii　鲉形目 Scorpaeniformes　杜父鱼科 Cottidae

别名：四鳃鲈、媳妇鱼

形态特征：体型小，头大，宽而平扁。棘和棱为皮所盖。鼻棘钝尖。额棱宽短，前端分叉。顶项棱低平，无棘，前端与眶上棱后端连接。眶上棱低平，无眶上棘和眶后棘。前鳃盖骨有4枚棘。鳃盖骨有一低棱，端部扁钝。吻宽而圆钝，比眼径约大2倍。口宽大，端位。上颌稍长，下颌骨伸达眼后缘下方。上颌、下颌、犁骨及腭骨均有绒毛牙群。舌宽厚，圆形，前端稍游离。眼小，上侧位；眼间隔宽而凹入，约等于眼径。鳃孔宽大，鳃膜连于峡部。鳃耙退化，粒状，最后鳃弓后方无裂孔。体被粒状和细刺状皮质突起。侧线平直，有黏液管37。背鳍连续；鳍棘部与鳍条部之间有一缺刻。臀鳍始于第2背鳍第3～4鳍条下方。腹鳍短小，有1枚鳍棘，4枚鳍条，胸位，基底相互靠近。胸鳍宽大，圆形。尾鳍截形微凸。体呈黄褐色，体侧有深色横纹5～6条，吻侧、眼下、眼间隔和头侧有深色条纹。鳃膜和臀鳍基底为橘红色。尾鳍、臀鳍、背鳍和胸鳍均有黑色斑点，背鳍鳍棘部向前部有一黑色大斑。腹鳍白色。

分布与习性：本种分布于西北太平洋。在我国分布于渤海、黄海、东海，在日本、朝鲜半岛沿海也有分布。为冷温性海淡水洄游鱼类，栖息于清澈水底层，昼伏夜出。成鱼以小鱼和虾类为食，幼鱼以浮游动物为食，生长迅速。

经济意义：本种为名贵鱼类，因肉质鲜美而闻名中外，以上海松江所产者最为出名。

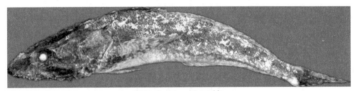

图5-147　松江鲈

花鲈 *Lateolabrax japonicus*（Cuvier，1828）（图5-148）

别名：鲈板、寨花、鲈子鱼

分类地位：辐鳍鱼纲 Actinopterygii　鲈形目 Perciformes　花鲈科 Lateolabracidae

形态特征：体型大，体长214～288 mm。体延长，侧扁。背、腹面皆钝圆。头中等大，前端尖锐。吻尖。眼中等大，前位。眼间隔微凹，其间有4条隆起线。鼻孔小，圆形，每侧2个。口大，倾斜。下颌长于上颌。牙细小，舌平滑无牙。鳃孔大，鳃耙细长。体被小栉鳞。吻端、两颌骨无鳞。侧线连续。背鳍连续，鳍棘发达；臀鳍以第2棘最强大；胸鳍短；腹缘稍长于胸鳍；尾鳍分叉。体上部呈灰绿色，下部灰白色；体侧及背鳍鳍棘部散布多个黑斑。背鳍及尾鳍呈灰色，有淡黑色边缘。背鳍鳍条部中间有黑色条纹。

分布与习性：本种广泛分布于西北太平洋。在我国南部沿海均有分布，也见于朝鲜半岛和日本沿海。为暖温性中下层鱼类，多栖息于河口盐淡水区。在秋末初冬至河口处产卵。性凶猛，摄食小鱼和甲壳动物。

经济意义：本种在我国沿海具有较大的资源量，有较高经济价值，肉质鲜美，为上等食用鱼类，已开展人工养殖。

图5-148 花鲈

黑棘鲷 *Acanthopagrus schlegelii*（Bleeker，1854）（图5-149）

别名：黑加吉、黑鲷、黑立

分类地位：辐鳍鱼纲 Actinopterygii　鲈形目 Perciformes　鲷科 Sparidae

形态特征：体呈椭圆形，侧扁，背缘隆起，腹缘钝圆。头较大。眼中等大，侧上位。眼间隔凸起。吻钝尖，口较小，倾斜。上、下颌前端各有圆锥牙4～6枚。前鳃盖骨边缘光滑，鳃耙短小。体被栉鳞。背鳍1个，鳍棘强壮，鳍棘部连接鳍条部。胸鳍比腹鳍长。尾鳍叉形。生活个体呈灰黑色，有银色光泽。体侧有6～7条深色横带。胸鳍呈肉色或橘红色，其余鳍呈灰褐色。

分布与习性：本种分布于西北太平洋。在我国南北沿海均有分布，在俄罗斯、日本和朝鲜半岛沿海也有分布。为暖温性底层鱼类，多栖息于泥沙或沙砾质近海海底，生殖季节游向近岸和河口区。喜集群，雌雄同体，有性逆转现象，3～4龄前为雄性，之后转变为雌性。杂食性。

经济意义：本种为名贵经济鱼类，肉质鲜美，有很大的经济价值。我国已开展人工网箱养殖。

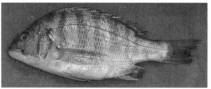

图5-149 黑棘鲷

黄姑鱼 *Nibea albiflora*（Richardson，1846）（图5-150）

别名：铜萝鱼、黄婆、铜鱼、黄姑子

分类地位：辐鳍鱼纲 Actinopterygii　鲈形目 Perciformes　石首鱼科 Sciaenidae

形态特征：体长而侧扁，背部略呈弯弓形，尾柄长大而高。头中等大，尖形，背部隆起，腹部宽圆。吻短钝，宽圆。眼中等大，侧位而高。眼间隔宽而稍凸。口大而斜。上颌稍长于下颌。鳃孔大，鳃耙粗短。体被栉鳞。侧线在体前部向上呈弯弓形，至尾部呈直线形。背鳍2个，鳍棘部与鳍条部有深凹刻。臀鳍基很短。胸鳍侧位，尖刀形。腹鳍胸位。尾鳍短楔形。体后背缘呈淡灰色，两侧呈淡黄色，有黑褐色波状细纹斜向前下方。胸侧为淡黄色。背鳍呈灰褐色，鳍棘部上方为黑色，鳍条部的基部有一灰白色纵纹。其他鳍为浅黄白色。

分布与习性：本种分布于西太平洋。在我国分布于南北沿海，在日本和朝鲜半岛沿海也有分布。为暖温性中下层鱼类，多栖息于沙泥质底，生殖季节洄游至河口和内湾。

经济意义：本种为我国沿海常见鱼类，具有较大的资源量。肉质鲜美，经济价值较高，已开展人工养殖。

图5-150　黄姑鱼

方氏云鳚 *Pholis fangi*（Wang & Wang，1935）（图5-151）

别名：高粱叶、面条鱼（幼鱼）、萝卜丝（幼鱼）

分类地位：辐鳍鱼纲 Actinopterygii　鲈形目 Perciformes　锦鳚科 Pholidae

形态特征：体长形，呈小带状，侧扁。头短小且侧扁，无棘突。吻短，较眼径略小。眼小，侧高位。眼间隔窄，宽较眼径小；中央圆凸，似松囊状。鼻孔小。口小，前位，位低，斜向前上方。上、下颌牙粗短。鳃孔大。鳃膜相连，与峡部分离。鳃盖条5枚。鳃耙细长形。头、体均有很细小的圆鳞。无侧线。背鳍1个，全由短粗的尖鳍棘组成。臀鳍与背鳍相似，前端有2枚鳍棘。胸鳍长圆形，侧位。腹鳍喉位，极短小，有一鳍棘和一鳍条。尾鳍长圆形，前缘与背鳍及臀鳍微连。体呈淡黄褐色，腹侧较浅。自眼间隔到眼下，有一黑色横纹。背侧及体侧均有14～15个黑褐色云状斑，各斑中央均有一淡色垂直横纹。背鳍、臀鳍及尾鳍亦有黑褐色云状斑。胸鳍无色。

分布与习性：本种分布于黄海、渤海。一般生活于近海。1龄可达性成熟。生殖期9～11月。卵胎生。

经济意义：本种在我国黄渤海具有较大的资源量，常用底拖网、张网类渔具捕捞，渔业产值近亿元。幼鱼味鲜美，多加工咸干品。成鱼味差，多做饲料。

图5-151　方氏云鳚

黄鳍刺虾虎鱼 *Acanthogobius flavimanus*（Temminck & Schlegel，1845）（图5-152）

别名：虾虎鱼、光鱼、油光鱼、胖头鱼

分类地位：辐鳍鱼纲 Actinopterygii　鲈形目 Perciformes　虾虎鱼科 Gobiidae

形态特征：体型小，体延长，前部圆筒形，后部侧扁；背缘浅弧形，腹缘稍平直；尾柄颇长，大于体高。头中等大，圆钝，略平扁，背部稍隆起。头部有3个感觉管孔。颊部稍隆起，眼下缘有1条斜向前下方的感觉乳突线。吻圆钝，颇长，吻长大于眼径。眼小或大，背侧位，位于头的前半部，眼上缘突出于头部背缘。眼间隔狭窄，小于眼径，稍内凹。鼻孔每侧2个分离，相互接近。口小，前下位。上颌骨后端近伸达吻中部稍后处，不达眼前缘下方。上、下颌牙细小，尖锐，多行。唇厚，发达。舌游离，前端平截形。鳃孔大，侧位。前鳃盖骨及鳃盖骨边缘光滑。峡部宽大，鳃盖膜与峡部相连。有假鳃。鳃耙短小。体被弱栉鳞，吻部无鳞，项部、颊部及鳃盖上方有小圆鳞。无侧线。背鳍2个，分离；臀鳍与第2背鳍相对，同形；胸鳍宽圆，扇形，下侧位；腹鳍略短于胸鳍，圆形，基部长小于腹鳍全长的一半，左、右腹鳍愈合成一圆形大吸盘；尾鳍长圆形，短于头长。雄性生殖乳突细长而尖，雌性生殖乳突短钝。液浸标本的头、体为灰褐色，背部色较深，腹部浅棕色，体侧有1纵行不规则云状棕褐色斑块。

分布与习性：本种分布于西北太平洋。在我国分布于渤海、黄海、东海北部近海，在朝鲜半岛、日本沿海也有分布。为冷温性近岸底层小型鱼类，栖息于河口、港湾及沿岸沙或泥底质的浅水区。

经济意义：可食用，经济价值低。

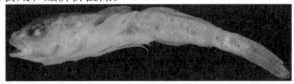

图5-152　黄鳍刺虾虎鱼

普氏缰虾虎鱼 *Acentrogobius pflaumii*（Bleeker，1853）（图5-153）

别名：普氏吻虾虎鱼、普氏栉虾虎鱼、条纹细棘虾虎鱼、条纹虾虎、条纹衔鲨

分类地位：辐鳍鱼纲 Actinopterygii　鲈形目 Perciformes　虾虎鱼科 Gobiidae

形态特征：体延长，前部圆筒形，后部侧扁；背缘稍平直，腹缘浅弧形；尾柄较长。头较大，背面圆凸。颊部有4条水平状（纵行）感觉乳突线。吻圆钝。眼中等大，上侧位，位于头的前半部，眼背缘略突出于头部背缘。眼间隔狭窄，略凹。鼻孔每侧2个。口中等大，前位，斜裂。下颌稍突出。唇厚。舌游离，前端截形。鳃孔中等大，约与胸鳍等高，前鳃盖骨后缘无棘。峡部宽大，鳃盖膜与峡部相连。鳃盖条为5枚。有假鳃。鳃耙短钝。体被大型栉鳞，头部的颊部、鳃盖部裸露无鳞。无侧线。背鳍2个，分离；臀鳍与第2背鳍同形；胸鳍尖圆，下侧位；左、右腹鳍愈合成一吸盘，起点在胸鳍基部下方；尾鳍尖圆。雄性生殖乳突细长而尖，雌性生殖乳突圆钝。液浸标本的头、体为灰褐色，体背部及体侧鳞片有暗色边缘。体侧有2～3条褐色点线状纵带，并夹杂4～5个黑斑。

分布与习性：本种分布于西北太平洋。在我国分布于南北沿海，也见于朝鲜半岛和日本沿海。为暖温性近岸小型底层鱼类，生活于河口咸、淡水水域，红树林及沿海沙泥底质的环境。

经济意义：可食用，但经济价值不大。

图5-153　普氏缰虾虎鱼

六丝钝尾虾虎鱼 *Amblychaeturichthys hexanema*（Bleeker，1853）（图5-154）

别名：钝尖尾虾虎鱼、六丝矛尾鱼、六丝矛尾虾虎鱼、六线长鲨

分类地位：辐鳍鱼纲 Actinopterygii　鲈形目 Perciformes　虾虎鱼科 Gobiidae

形态特征：体型中等大，体延长，前部亚圆筒形，后部稍侧扁。头部较大，宽而

平扁，有2个感觉管孔。颊部微突，有4条水平状（纵向）感觉乳突线。吻中等长，圆钝。眼大，上侧位。眼间隔狭，中间稍凹入。鼻孔对侧2个，圆形。口大，斜裂。下颌稍突出。舌宽大，游离，前端截形。颏部有3对短小细须。鳃孔大，沿向前下方。鳃盖上方有3个感觉管孔。鳃盖膜与峡部相连。有假鳃。鳃耙细弱。体被栉鳞，头部鳞小，峡部、鳃盖及项部均被鳞，吻部及下颌无鳞。背鳍2个，分离；臀鳍基底长，与第2背鳍相对，同形；胸鳍尖圆，稍长与腹鳍，后端不伸达肛门。左、右腹鳍愈合成一吸盘。尾鳍尖长，等于或稍大于头长。体呈黄褐色，体侧有4～5个深色斑块；第1背鳍前部边缘为黑色，其余鳍为灰色。

分布与习性：本种分布于西北太平洋。在我国南北沿海均有分布，也见于朝鲜半岛和日本等沿海。为暖温性近岸小型鱼类，栖息于近海浅水及河口咸、淡水区域。以多毛类、小鱼、对虾、糠虾、钩虾为食。1龄鱼生长快，当年鱼体长可达67～113 mm，即达性成熟。

经济意义：可食用。

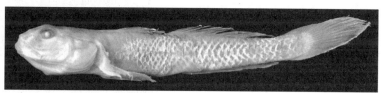

图5-154　六丝钝尾虾虎鱼

矛尾虾虎鱼 *Chaeturichthys stigmatias* Richardson，1844（图5-155）

别名：尖尾虾虎鱼、矛尾鱼

分类地位：辐鳍鱼纲 Actinopterygii　鲈形目 Perciformes　虾虎鱼科 Gobiidae

形态特征：体型中等大，体颇延长，前部亚圆筒形，后部侧扁；背缘、腹缘较平直。头宽扁。头部有4个感觉管孔。颊部有4条水平状纵向感觉乳突线，无垂直（横向）感觉乳突线。吻圆钝。眼较小，上侧位。眼间隔平坦，等于眼径。鼻孔每侧有22个，分离。口大，前位，稍斜裂。下颌稍突出，长于上颌。上颌骨后端向后伸达眼中部下方或稍前。上、下颌各有2行尖形齿，外行齿较大，呈犬齿状，内弯。唇发达。舌宽大，游离，前端圆形。鳃孔大，向后伸达眼后缘。峡部窄，鳃盖膜与峡部相连。鳃盖条5枚。有假鳃。鳃耙细长，长针状。体被圆鳞，后部鳞较大；头部仅吻部无鳞，体其余部分被小圆鳞。背鳍2个，分离；臀鳍基底长；胸鳍宽圆，等于或稍短于头长。腹鳍中等大。左、右腹鳍愈合成一吸盘。尾鳍尖长，长度大于头长。液浸标本呈灰褐色，头部和背部有不规则的暗色斑纹，尾鳍有4～5行深色横纹。

分布与习性：本种分布于西北太平洋。在我国分布于渤海、黄海、东海、台湾和南海北部沿海，也见于朝鲜半岛和日本沿海。为暖温性近岸小型底栖鱼类，栖息于河口咸、淡水滩涂淤泥底质区域。

经济意义：个体不大，可食用。

图5-155　矛尾虾虎鱼

七棘裸身虾虎鱼 *Gymnogobius heptacanthus*（Hilgendorf，1879）（图5-156）

别名：肉犁裸虾虎鱼、肉犁克丽虾虎鱼

分类地位：辐鳍鱼纲 Actinopterygii　鲈形目 Perciformes　虾虎鱼科 Gobiidae

形态特征：体细长，前部略呈圆柱形，后部侧扁。背缘、腹缘较平直。尾柄颇高。头颇长，侧扁，头部有4个感觉管孔。吻尖突。眼中等大，上侧位，位于头的前半部，眼背缘与头背缘平齐。眼间隔颇宽，中央平坦或微凹，眼间隔的宽等于或小于眼径。鼻孔每侧有2个，分离。口大，亚上位，斜裂。下颌突

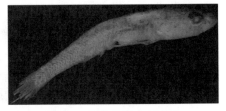

图5-156　七棘裸身虾虎鱼

出。上颌骨后端伸达眼后缘下方或后方。上、下颌齿细小，呈窄带状排列。唇厚。舌游离前端叉状，有一深裂。鳃孔中大，稍向前下方腹面延伸。峡部稍宽，鳃盖膜与峡部相连。鳃盖条5枚。有假鳃。鳃耙尖长，稍扁。体被小型弱栉鳞，头部、顶部、胸部及胸鳍基部裸露无鳞。无侧线。背鳍2个，分离；臀鳍与第2背鳍同形，前部鳍条稍长；胸鳍尖圆，下侧位，上部无游离丝状鳍条。腹鳍长圆形，左、右腹鳍愈合成一吸盘；尾鳍圆钝。雄性生殖乳突尖三角形，雌性生殖乳突短钝。液浸标本呈灰褐色。背侧有不规则的褐色斑点，呈虫纹状或网纹状。体侧常有不明显的黑色小斑点。

分布与习性：本种分布于西北太平洋。在我国分布于渤海、黄海，也见于朝鲜半岛、日本和俄罗斯沿海。为冷温性小型底层鱼类，栖息于内湾，河口咸、淡水及近海。

经济意义：个体小，无食用价值。

长丝犁突虾虎鱼 *Myersina filifer*（Valenciennes，1837）（图5-157）

别名：丝虾虎鱼

分类地位：辐鳍鱼纲 Actinopterygii　鲈形目 Perciformes　虾虎鱼科 Gobiidae

形态特征：体型较小，体延长，侧扁。背缘和腹缘稍平直。尾柄稍长。头中大，稍宽扁。头部有6个感觉管孔。吻短，圆钝。眼中等大，背侧位。眼间隔狭窄，稍隆起。口大，前位。上、下颌约等长或下颌稍突出。上、下颌牙细小、尖锐，多行。唇颇厚。舌游

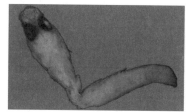

图5-157 长丝犁突虾虎鱼

离，前端圆形。鳃孔大。鳃盖膜与峡部相连。有假鳃。鳃耙短而细弱。体被小圆鳞，隐埋于皮下，后部鳞较大，头部和项部均无鳞。无侧线。背鳍2个，分离。臀鳍与第2背鳍同形。胸鳍宽圆。左、右腹鳍愈合成一吸盘。尾鳍尖长，大于头长。体呈黄绿色，稍带红色。体侧有5~6暗褐色横带，最后1条位于尾鳍基。项部有1条暗褐色横带。

分布与习性：本种分布于印度-西太平洋。在我国沿海均有分布，也见于印度、日本和朝鲜半岛等沿海。为暖温性近岸小型鱼类，栖息于沿岸泥沙底质海区。喜欢与枪虾共同生活。杂食性，以藻类和底栖动物为食。

经济意义：个体较小，资源量不大，无食用价值。

拉氏狼牙虾虎鱼 *Odontamblyopus lacepedii*（Temminck & Schlegel，1845）（**图5-158**）

别名：红狼牙虾虎鱼、盲条鱼、红尾虾虎

分类地位：辐鳍鱼纲 Actinopterygii　鲈形目 Perciformes　虾虎鱼科 Gobiidae

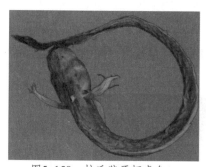

图5-158 拉氏狼牙虾虎鱼

形态特征：体型小，体颇延长，略呈带状，前部亚圆筒形，后部侧扁而渐细。头中等大，侧扁，侧面观略呈长方形。头侧散布许多感觉乳突，呈不规则排列。吻短，圆钝。眼极小，退化，埋于皮下。眼间隔甚宽，圆凸。鼻孔每侧两个，分离。口小，前位，斜裂。下颌稍突出，稍长于上颌。舌稍游离，前端圆形。鳃孔中等大，侧位。峡部较宽。鳃耙短小而钝圆。鳞片退化，体裸露而光滑。无侧线。背鳍连续，鳍棘均细弱，背鳍后端有膜与尾鳍相连。臀鳍与背鳍鳍条基部相对，同形，后部鳍条与尾鳍相连。胸鳍尖形，基部较宽，伸达腹鳍末端。腹鳍大，略大于胸鳍，左、右腹鳍愈合成一尖长吸盘。尾鳍长，尖形。体呈淡红色或灰紫色，背鳍、臀鳍和尾鳍黑褐色。

分布与习性：本种为广分布种，分布于印度-西太平洋。在我国分布于渤海、黄海、东海、台湾海域和南海，在印度、菲律宾、日本、印度尼西亚等沿海也有分布。

为暖温性沿岸小型底栖鱼类，栖息于内湾，近岸滩涂，河口咸、淡水区域。

经济意义：营养价值高，主要供应鲜食，也有的制成罐头（称龙须鱼）或制成盐干品。

狼虾虎鱼 *Odontamblyopus rubicundus*（Hamilton，1822）（图5-159）

别名：狼条、小狼鱼、钢条、顽皮鱼

分类地位：辐鳍鱼纲 Actinopterygii　鲈形目 Perciformes　虾虎鱼科 Gobiidae

形态特征：体型较大，体极为延长，侧扁略呈带状。头部颇大，侧面观略呈长方形。吻部短，稍突出，正中有一尖突，前端钝圆。眼极小，退化，埋于皮下。眼间隔颇宽，略隆起。前鼻孔有小短管。口大，斜形。下颌及颊部向前突出。唇颇厚，在两头后部扩大。舌前端呈圆弧形，稍呈游离状。上、下颌的外行牙为6～12个尖锐弯形大牙，排列稀疏，突出唇外，口闭合时，露于口外。鳃孔颇大，侧位；峡部宽。鳃耙短，钝尖。鳞片退化，全体几乎呈无鳞片状态，仅在体侧可见到小形凹窝。背鳍连接为一，后端与尾鳍相连；背鳍鳍棘细弱。臀鳍最后鳍条有膜与尾鳍相连。胸鳍宽且长，上部鳍条游离呈丝状。腹鳍大，与胸鳍等长或稍短。尾鳍长，呈尖形。体呈蓝褐色或灰紫色，奇鳍有时有黑褐色边缘。

分布与习性：本种分布于印度洋和太平洋西部。在我国沿海均有分布，以南海、东海产量较多。多生活在温带和热带的淡水、半淡咸水和海水中，栖息于河口、海湾、红树林湿地或沙岸海域等泥质底的环境，在泥沙中掘穴。

经济意义：为黄渤海近海区常见的较大型的虾虎鱼，产量较大，可食用，在沿海一带常用作肥料或鸡、鸭饲料。

图5-159　狼虾虎鱼

弹涂鱼 *Periophthalmus modestus* Eggert，1935（图5-160）

别名：泥猴、跳跳鱼、蹦溜狗鱼

分类地位：辐鳍鱼纲 Actinopterygii　鲈形目 Perciformes　虾虎鱼科 Gobiidae

形态特征：体型较小，体延长，侧扁。背缘平直，腹缘浅弧形。头宽大，略侧扁。吻短而圆钝，斜直隆起；吻褶发达，边缘游离，盖于上唇。眼小，高位，位于头的前半部，互相靠近，突出于头的背面上，下眼睑发达；眼间隔甚窄，似一细沟。

鼻孔2个，相距颇远。口宽大，横裂。牙尖锐，直立。鳃孔窄，裂缝状；峡部较宽。鳃盖膜与峡部相连。鳃耙细弱。体及头背部均被小圆鳞。背鳍2个，分离；臀鳍起点约与第2背鳍起点相对；胸鳍尖圆，基部有臂状肌柄。腹鳍愈合，后缘凹入。尾鳍圆形，下缘斜直。体呈棕褐色。

分布与习性：本种分布于西北太平洋。在我国南北沿海有分布，在朝鲜半岛和日本沿海也有分布。常栖息于海水或半咸水的河口附近的滩涂上，退潮时借胸鳍肌柄跳动于泥滩上觅食。其稍受惊动即跳回水中，速度颇快。

经济意义：肉味鲜美，营养价值高，有滋补功效。

图5-160　弹涂鱼

鲏缟虾虎鱼 *Tridentiger barbatus*（Günther，1861）（图5-161）

别名：钟馗虾虎鱼、胖头鱼

分类地位：辐鳍鱼纲 Actinopterygii　鲈形目 Perciformes　虾虎鱼科 Gobiidae

形态特征：体型较小，体延长，粗壮，前部圆筒形，后部略侧扁。头大，稍平扁。头部有3个感觉管孔。吻宽短。眼小，上侧位。眼间隔稍宽，平坦。口宽大，前位。上、下颌各有2行牙。犁骨、腭骨及舌上无牙。头部有许多触须，穗状排列。峡部宽大。鳃盖膜与峡部相连。鳃耙短而钝尖。体被中等大栉鳞，头部和胸部无鳞。无侧线。背鳍2个，分离。臀鳍与第2背鳍同形。胸鳍宽圆。腹鳍边缘内凹，左、右腹鳍愈合成一吸盘。尾鳍后缘圆弧形。液浸标本呈黄褐色，腹部浅色，体侧常有5条宽阔的黑色横带。

分布与习性：本种分布于西太平洋。在我国沿海均有分布，也见于日本、朝鲜半岛、菲律宾沿海。为近岸暖温性底层小型鱼类，喜栖息于近岸浅水，河口咸、淡水区域。

经济意义：个体小，无经济价值。

图5-161　鲏缟虾虎鱼

纹缟虾虎鱼 *Tridentiger trigonocephalus*（Gill，1859）（图5-162）

别名：胖头鱼、虎头鱼

分类地位：辐鳍鱼纲 Actinopterygii　鲈形目 Perciformes　虾虎鱼科 Gobiidae

形态特征：体型中等大，体长44.5～72 mm。体粗壮，稍呈长形，前部略呈圆柱形，后部侧扁，尾柄颇高。吻部短，前端钝圆。眼小，短于吻长，背侧位。眼间隔平坦。口稍呈斜形。两颌略等长。唇颇厚，上颌者尤厚。上、下颌各有牙2行。鳃孔侧位，延伸至胸鳍基部稍下方。体被中等大弱栉鳞，前部者较小，头部无鳞。背鳍2个，分离。胸鳍宽圆，长于腹鳍及尾鳍。腹鳍宽，呈圆盘状。尾鳍后端圆形。体色呈灰褐色或褐色，通常两侧各有2条黑褐色纵带，两纵带后端终止处均在尾鳍基部形成一黑斑。

地理分布：本种分布于西北太平洋。在我国沿海均分布，也见于朝鲜半岛、日本沿海。为近海暖温性小型底层鱼类，常栖息于河口咸、淡水及近岸浅水区域，也进入江河下游淡水区。

经济意义：本种的资源量不大，无食用价值。

图5-162　纹缟虾虎鱼

褐牙鲆 *Paralichthys olivaceus*（Temminck & Schlegel，1846）（图6-163）

别名：偏口、牙片鱼、牙鲆

分类地位：辐鳍鱼纲 Actinopterygii　鲽形目 Pleuronectiformes　牙鲆科 Paralichthyidae

形态特征：体侧扁，呈长卵圆形。头大；尾柄窄长。两眼略小，位于头部左侧，眼间隔小。口大，前位，斜裂。牙尖锐，锥状；上、下颌各有1行牙。鳃耙细长且扁。体有眼侧被小栉鳞，无眼侧被圆鳞。侧线在胸鳍上方弯曲，中后部平直。背鳍起始于无眼侧，延伸整个背部；臀鳍与背鳍相对。胸鳍有眼侧略大。尾鳍后缘呈双截形。生活个体的有眼侧呈灰褐色或暗褐色，无眼侧呈白色。各鳍淡黄色，在侧线中部及前端上、下各有一瞳孔大的亮黑斑，其余部位散布深色环纹或斑点。背鳍、臀鳍和尾鳍均有深色斑纹，胸鳍有黄褐色横条纹。

分布与习性：本种分布于西北太平洋。在我国产于南北沿海，在俄罗斯、日本和朝鲜半岛沿海也有分布。为暖温性底层鱼类，多栖息于近海泥沙质底，昼伏夜出，以小型贝类、甲壳动物和鱼类为食。

经济意义：本种为我国南北沿海重要经济鱼类，肉质鲜美，有重要的经济价值，目前已开展人工养殖。

图5-163 褐牙鲆

石鲽 *Kareius bicoloratus*（Basilewsky，1855）（**图5-164**）

别名：二色鲽、石板、石镜、石夹、石江、偏口

分类地位：辐鳍鱼纲 Actinopterygii 鲽形目 Pleuronectiformes 鲽科 Pleuronectidae

形态特征：体扁，长卵圆形；尾柄短高。头中等大。吻较长，钝尖。眼中等大，均位于头部右侧，上眼接近头背缘。眼间隔稍窄。口小，前位，斜裂，左右侧稍对称。下颌略向前突出。牙小而扁，尖端截形，两颌各有牙1行，无眼侧较发达。鳃孔宽大。鳃耙短而尖。体无鳞。无眼侧光滑，无骨板。侧线发达，几乎呈直线形。胸鳍两侧不对称，有眼侧小刀形，稍长，无眼侧圆形。腹鳍小，位于胸鳍基部前下方，左右对称。尾鳍后缘圆截形。有眼侧体为灰褐色，粗骨板为微红色，体及鳍上散布小暗斑。无眼侧为灰白色。

分布与习性：本种分布于西北太平洋。在我国分布于渤海、黄海和东海，在朝鲜半岛和日本沿海也有分布。为近海冷温性底层鱼类，喜栖息于泥沙底质海域。主要以小型虾蟹类、贝类和沙蚕类等为食。

经济意义：本种为食用鱼类之一，北方沿海有人工养殖。

图5-164 石鲽

焦氏舌鳎 *Cynoglossus joyneri* Günther，1878（图5-165）

别名：风板鱼、舌头鱼

分类地位：辐鳍鱼纲 Actinopterygii　鲽形目 Pleuronectiformes　舌鳎科 Cynoglossidae

形态特征：体型较大，体长136～195 mm。体甚为延长，侧扁，呈舌形。头部颇短，稍高。吻部颇长。眼颇小，均在左侧。眼间隔窄，短于眼径。口弯曲呈弓状，左右不对称。牙细小，有眼侧无牙，无眼侧两颌牙排列呈带状。鳃孔窄，左、右鳃盖膜相连。鳃耙退化成细小尖突。鳞颇大，两侧均被栉鳞，无眼侧头前部鳞片变形为绒毛状小突起。有眼侧有3条侧线。无眼侧无侧线。背鳍及臀鳍均与尾鳍连续，鳍条均不分枝。仅有眼侧有腹鳍，与臀鳍相连。尾鳍尖形。一般有眼侧为褐色或灰褐色。

分布与习性：本种为我国沿海习见种，多栖息于近岸水域，夜间和大潮时喜上浮游动。生殖季节向沿岸或内湾沙泥底质浅水区产卵洄游，冬季至深水区越冬。仔鱼初期存在右眼移向左侧的变态特性。

经济意义：本种为我国黄渤海常见的经济鱼类，在底拖网中常有发现，肉质鲜美。

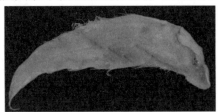

图5-165　焦氏舌鳎

莱氏舌鳎 *Cynoglossus lighti* Norman，1925（图5-166）

别名：牛舌、鳎板鱼、舌头鱼

分类地位：辐鳍鱼纲 Actinopterygii　鲽形目 Pleuronectiformes　舌鳎科 Cynoglossidae

形态性状：体甚为延长，侧扁，呈舌形的扁片状。头部颇短，稍低。吻部颇长，前端钝尖。眼颇小，均在左侧。眼间隔窄，短于眼径。口弯曲呈弓形，左右不对称。牙细小呈绒毛状，有眼侧无牙，无眼侧的牙排列呈带状。两侧均被以栉鳞，无眼侧头前部的鳞变形为绒毛状突起。有眼侧有3条侧线。无眼侧无侧线。背鳍及臀鳍均与尾鳍相连，鳍条均不分支。背鳍起点在吻部近前端的上方。臀鳍始于鳃盖的后下方。有眼侧的腹鳍和臀鳍相连。尾鳍尖形。体有眼侧为褐色；鳍的颜色较深，边缘色淡。

分布与习性：本种为广分布种。在我国分布于渤海、黄海和东海，在日本和朝鲜半岛沿海也有分布。为暖温性近海底层鱼类。

经济意义：本种为我国黄渤海常见的小型舌鳎，在底拖网中常有发现，肉质鲜美。

图5-166 莱氏舌鳎

半滑舌鳎 *Cynoglossus semilaevis* Günther，1873（图5-167）

别名：舌头鱼、牛舌、鳎米鱼、鳎板、鞋底鱼

分类地位：辐鳍鱼纲 Actinopterygii 鲽形目 Pleuronectiformes 舌鳎科 Cynoglossidae

形态特征：体型大，体长可达600 mm。体甚延长，侧扁，呈长舌状。头部颇短。眼颇小，均在左侧。鳞小；有眼侧被栉鳞，无眼侧被圆鳞。有眼侧有3条侧线，无眼侧无侧线。背鳍及臀鳍均与尾鳍相连，无胸鳍。鳍条均不分枝。有眼侧腹鳍与臀鳍相连，无眼侧无腹鳍。尾鳍后缘尖细。体有眼侧呈暗褐色，无眼侧呈灰白色。

分布与习性：本种分布于西北太平洋。在我国见于南北沿海，在日本和朝鲜半岛沿海也有分布。为暖温性近海底层鱼类。行动缓慢。

经济意义：本种为我国黄渤海常见的大型舌鳎，曾具有较高的资源量，但近些年来由于过度捕捞等原因导致资源严重衰退。目前已人工繁育和养殖。

图5-167 半滑舌鳎

星点东方鲀 *Takifugu niphobles*（Jordan & Snyder，1901）（图5-168）

别名：艇鲅、廷巴、腊头、河豚

分类地位：辐鳍鱼纲 Actinopterygii 鲀形目 Tetraodontiformes 鲀科 Tetraodontidae

形态特征：体型中等大，体长约30 cm。体亚圆筒形，向后渐狭小。头中等大。吻圆钝，小于眼后头长。眼小，上侧位，眼间隔宽而微凸。鼻孔2个，紧位于鼻瓣的内外侧，鼻瓣呈卵圆形突起。口小，端位。上、下颌各有2个喙状牙板，中央缝显著。唇发达，细裂，下唇较长，两端向上弯曲。鳃孔中等大，侧位，位于胸鳍基底前方。背面自吻后至背鳍前方，腹面自吻下方至肛门前方均被小刺。吻部、尾部及

头、体两侧均光滑。侧线发达，上侧位，至尾下部弯于尾柄中央。体侧皮褶发达。背鳍略呈圆镰刀形。臀鳍与背鳍相似，基底几乎与背鳍基点相对。胸鳍宽短，上部鳍条较长。尾鳍截形。体色变异颇大。背侧面灰褐色，自吻部至尾基，散布着很多白色圆斑（生活时呈黄色；体长300 mm左右的成体背侧面呈暗褐色，只留存少数白斑。腹面白色。幼体各鳍为浅色，有时有少数深色斑点；较大个体，尾鳍端部为黑色，背鳍、臀鳍、胸鳍为灰黑色。

分布与习性：本种分布于西北太平洋。在我国分布于渤海、黄海和东海，在朝鲜半岛和日本沿海也有分布。为近海暖温性中小型底层鱼类，栖息于沿海海藻丛生环境，有时进入河口咸、淡水域。主要以软体动物、多毛类、甲壳动物、小鱼为食。为有毒鱼类，卵巢、肝和血液有剧毒，肠、皮肤和精巢等也有毒，肉无毒。

经济意义：体内含河豚毒素，误食极其危险，可提炼河豚毒素。

图5-168　星点东方鲀

第五节　其他门类

线虫 Nematoda（图5-169）

分类地位：线虫动物门 Nematoda

形态特征：体通常呈乳白、淡黄或棕红色。大小差别很大，小的不足1 mm，大的长达8 mm。多为雌雄异体，雌性较雄性大。虫体一般呈线柱状或圆柱状，不分节，左右对称。假体腔内有消化、生殖和神经系统，较发达，但无呼吸和循环系统。消化系统前端为口孔，肛门开

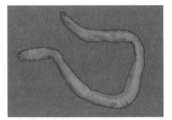

图5-169　线虫

口于虫体尾端腹面。口囊和食道的大小、形状以及交合刺的数目等均有鉴别意义。

分布及习性：自由生活的海洋线虫多营底栖生活，栖息于沙质和泥质海底。分布很广，在我国南北沿海均有分布。

纽虫 Nemertea（图5-170）

分类地位：纽形动物门（Nemertea）

形态特征：纽虫身体不分节，背腹扁平，左右对称，无体腔，多呈带状，伸缩性很强。消化道有肛门，有原始的循环系统，消化道背面有强有力并善于收缩的吻。

分布与习性：纽虫主要生活在海洋中，营底栖生活或漂浮于海洋中。主要分布在温带区域，在热带和亚热带海岸纽虫不常见，但在北极和南极却常有优势种出现。

图5-170　纽虫

棘刺锚参 Protankyra bidentata（Woodward & Barrett，1858）（图5-171）

分类地位：海参纲 Holothuroidea　无足目 Apodida　锚参科 Synaptidae

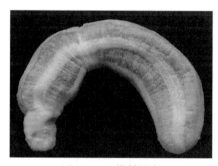

图5-171　棘刺锚参

形态特征：体型中等大，一般体长150 mm～280 mm，直径15～20 mm。体呈蠕虫状。体壁薄，稍透明，常从体外稍能透见5条纵肌。触手12个，各有2对侧指。口盘有12个眼点。波里氏囊3～6个，石管1个。体壁的锚形骨片大，故触感粗涩。锚干的中部稍肥大，锚柄有细锯齿。锚板为卵圆形，周缘不整齐，表面有多数小棘，后端横桥梁明显，锚板穿孔很多，排列无规则，孔缘平滑或带锯齿。体前端体壁内有各种不同的星状体，每个星状体有1～2个中央孔，表面有多数小瘤。生活时幼小个体为黄白色，成年个体为淡红色或紫红色。

分布与习性：本种在我国分布于渤海到北部湾沿海，在朝鲜半岛、日本和菲律宾沿海也有分布。生活于潮间带至水深45 m的沿海。

经济意义：本种在我国海域具有一定的资源量，特别是渤海的莱州湾、渤海湾和辽东湾内数量尤多，为底栖生物群落中的优势种，有重要的生态意义。

海葵 Actiniaria（图5-172）

分类地位： 珊瑚纲 Anthozoa　海葵目 Actiniaria

形态特征： 单体，无骨骼，呈圆筒状，由口盘、体柱和基盘三部分构成。口盘中央为口，周围为触手或整个口盘表面都密生触手。基部用于固着或做缓慢移动。雌雄同体。多数海葵用触手捕食。

分布与习性： 海葵广布于世界各海洋中，有的生活于淡咸水中。多数栖息在浅海和岩岸的水洼或石缝中，少数生活在大洋深渊，最大栖息深度达10 210 m。

图5-172　海葵

参考文献

［1］蔡文倩，林岿璇，朱延忠，等.基于大型底栖动物摄食群上的生态质量评价［J］.中国环境科学，2016，36（9）：2865-2873.

［2］蔡文倩，朱延忠，刘静，等.海洋生物环境指示作用的研究进展［J］.广西科学，2015（5）：532-539.

［3］蔡学军，田家怡.黄河三角洲潮间带动物多样性的研究［J］.海洋湖沼通报，2000，4：45-52.

［4］曹然，黎征武，毛建忠，等.北江大型底栖无脊椎动物群落结构及水质的生物评价［J］.水资源保护，2017，33（4）：80-87.

［5］陈凯，刘祥，陈求稳，等.应用O/E模型评价淮河流域典型水体底栖动物完整性健康的研究［J］.环境科学学报，2016，36（7）：2677-2686.

［6］陈亚瞿，徐兆礼，王云龙，等.长江口河口锋区浮游动物生态研究Ⅰ：生物量及优势种的平面分布［J］.中国水产科学，1995，2（1）：49-58.

［7］邓景耀，金显仕.莱州湾及黄河口水域渔业生物多样性及其保护研究［J］.动物学研究，2000，21（1）：76-82.

［8］邓玉娟，董树刚，刘晓收.福建兴化湾大型底栖动物种类组成和生物多样性［J］.海洋科学，2016，40（1）：56-65.

［9］丁平兴.近50年我国典型海岸带演变过程与原因分析［M］.北京：科学出版社，2013.

［10］丁艳峰，潘少明，许祝华.近50年来黄河入海径流量变化的初步分析［J］.海洋开发与管理，2009，26（5）：67-73.

［11］董贯仓，李秀启，刘峰，等.黄河三角洲潮间带底栖动物群落结构分析及环境质量评价［J］.海洋环境科学，2012，31（3）：370-374.

［12］董贯仓，李秀启，等.黄河三角洲湿地水域底栖动物群落结构及其时空差异［J］.海洋环境科学，2012，31（2）：239-232.

［13］樊辉，刘艳霞，黄海军.1950～2007年黄河入海水沙通量变化趋势及突变特征［J］.泥沙研究，2009（5）：9-16.

［14］范振刚.海洋环境质量生物学指标的研究——潮间带生物群落结构［J］.环境科学，1978（6）：39-44.

［15］范振刚.潮间带生态学研究介绍［J］.海洋科学，1978（3）：25-29，33.

［16］方圆，倪晋仁，蔡立哲.湿地泥沙环境动态评估方法及其应用研究——（Ⅱ）应用［J］.环境科学学报，2000，20（6）：570-675.

［17］韩洁，于子山，张志南.渤海中、南部大型底栖动物物种多样性的研究［J］.生物多样性，2003，11（1）：20-27.

［18］中华人民共和国生态环境部.全国海洋生物物种资源调查技术规定（试行）［S］.2010年第27号公告，2010.

［19］纪大伟.黄河口及邻近海域生态环境状况与影响因素研究［D］.青岛：中国海洋大学，2006.

［20］焦玉木，张新华，李会新.黄河断流对河口海域鱼类多样性的影响［J］.海洋湖沼通报，1998，4：48-53.

［21］孔岩，王红，任立良.黄河入海径流变化及影响因素［J］.地理研究，2012，31（11）：1981-1990.

［22］冷宇，刘一霆，刘霜，等.黄河三角洲南部潮间带大型底栖动物群落结构及多样性［J］.生态学杂志，2013，32（11）：3054-3062.

［23］李凡，张秀荣.黄河入海水、沙通量变化对黄河口及邻近海域环境资源可持续利用的影响Ⅰ.黄河入海流量锐减和断流的成因及其发展趋势［J］.海洋科学集刊，2001，43：51-67.

［24］李恒翔，等.北部湾白龙半岛邻近海域污损生物生态研究［J］.热带海洋学报，2010（3）：110-115.

［25］李九发，时连强，应铭，等.黄河河口钓口河流路亚三角洲岸滩演变与抗冲击性试验［M］.北京：海洋出版社，2013.

［26］李芮.黄河三角洲潮间带大型底栖生物生态学研究［D］.青岛：中国海洋大学，2011.

［27］李姗泽，崔保山，等.黄河三角洲沼泽中大型底栖动物的分布特征［J］.湿

地科学，2015，13（6）：759-764.

［28］李永强.北部湾（广西段）潮间带大型底栖动物的调查研究［D］.青岛：青岛理工大学，2011.

［29］李勇.大亚湾与碣石湾大型底栖动物群落生态研究［D］.广州：中山大学，2010.

［30］刘瑞玉，崔玉珩.中国海岸带生物［M］.北京：海洋出版社，1996.

［31］刘玉斌，李宝泉，王玉珏，等.基于生态系统服务价值的莱州湾-黄河三角洲海岸带区域生态连通性评价［J］.生态学报，2019，39（20）：7514-7524.

［32］刘志杰.黄河三角洲滨海湿地环境区域分异及演化研究［D］.青岛：中国海洋大学，2013.

［33］陆继红，殷浩文，周忠良.潮间带生物多样性与生境的相关性调查［J］.上海环境科学，1992，1（1）：41-44.

［34］陆宇超.太子河流域大型底栖动物生物完整性指数（B-IBI）与环境因子的关系［D］.天津：南开大学，2015.

［35］马藏允，刘海，王惠卿，等.底栖生物群落结构变化多元变量统计分析［J］.中国环境科学，1997（4）：10-13.

［36］马媛.黄河入海径流量变化对河口及邻近海域生态环境影响研究［D］：青岛：中国海洋大学，2006.

［37］孟新翔，王晶，张崇良，等.黄河口渔业资源底拖网调查采样断面数对资源量指数估计的影响［J］.水产学报，2019，43（6）：1507-1517.

［38］庞家珍，姜明星.黄河河口演变（Ⅰ）——（一）河口水文特征［J］.海洋湖沼通报，2003，（3）：1-13.

［39］彭俊，陈沈良，刘锋，等.不同流路时期黄河下游河道的冲淤演变变化过程［J］.地理学报，2010，65（5）：613-622.

［40］彭欣，仇建标，吴洪喜，等.台州大陈岛岩礁相潮间带底栖生物调查［J］.浙江海洋学院学报（自然科学版），2007，26（1）：48-53.

［41］彭欣，谢起浪，陈少波，等.南麂列岛潮间带底栖生物时空分布及其对人类活动的响应［J］.2009，40（5）：584-589.

［42］茹玉英，王开荣，高际平，等.近期黄河入海水量减少成因分析［J］.海洋

科学，2006，30（3）：30–34.

［43］山东黄河三角洲国家级自然保护区管理局.山东黄河三角洲国家级自然保护区详细规划（2014—2020）［M］.北京：中国林业出版社，2016.

［44］山东省科学技术委员会.山东省海岸带和海涂资源综合调查报告集：黄河口调查区综合调查报告［R］.北京：中国科学技术出版社，1991.

［45］孙国钧，冯虎元.白水江自然保护区植被区系特征分析［J］.兰州大学学报：自然科学版，1998（2）：92–97.

［46］王全超，李宝泉.烟台近海大型底栖动物群落特征［J］.海洋与湖沼，2013（6）：1667–1676.

［47］王晓晨，李新正，王洪法，等.黄河口岔尖岛、大口河岛和望子岛潮间带秋季大型底栖动物生态学调查［J］.动物学杂志，2008，43（6）：77–82.

［48］王志忠，段登选，等.2008年黄河入海口潮间带大型底栖动物生物量研究［J］.广东海洋大学学报，2010，30（4）：29–35.

［49］韦惠兰.中国自然保护区经济分析［M］.兰州：甘肃人民出版社，2013.

［50］吴凯，谢贤群，刘恩民.黄河断流概况、变化规律及其预测［J］.地理研究，1998，17（2）：125–130.

［51］夏江宝，李传荣，许景伟，等.黄河三角洲滩涂区大型底栖动物群落数量特征［J］.生态环境学报，2009，19（4）：1268–1373.

［52］胥维坤，陈沈良，李平，等.黄河三角洲近岸沉积物和悬沙的分布特征及其冲淤指示［J］.泥沙研究，2016，3：24–30.

［53］许晴，张放，许中旗，等.Simpson指数和Shannon–Wiener指数若干特征的分析及“稀释效应”［J］.草业科学，2011，28（4）：527–531.

［54］杨江平，李广雪，徐继尚.黄河口岸线演变及人工岛稳定性分析［J］.海洋地质与第四纪地质，2013（2）：33–40.

［55］杨俊毅，高爱根，宁修仁，等.乐清湾大型底栖生物群落特征及其对水产养殖的响应［J］.生态学报，2007（1）：36–43.

［56］张继民，刘霜，尹韦翰，等.黄河口区域综合承载力评估指标体系初步构建及应用［J］.海洋通报，2012，31（5）：496–501.

［57］张继民，刘霜，张琦，等.黄河口附近海域浮游植物种群变化［J］.海洋环

境科学，2010，29（6）：834–837.

［58］张树磊，杨大文，杨汉波，等.1960—2010年中国主要流域径流量减小原因探讨分析［J］.水科学进展，2015，26（5）：605–613.

［59］张旭，张秀梅，高天翔，等.黄河口海域弓子网渔获物组成及其季节变化［J］.渔业科学进展，2009，30（6）：118–124.

［60］张旭.黄河口海域渔业资源调查及现状评价的初步研究［D］.青岛：中国海洋大学，2009.

［61］郑莉.黄河河口湿地大型底栖动物群落结构和多样性的研究［D］.泰安：山东农业大学，2007.

［62］中华人民共和国国家质量监督检验检疫总局，中国国家标准化管理委员会.GB/T 12763.6—2007 海洋调查规范第6部分：海洋生物调查［S］.北京：中国标准出版社，2008.

［63］朱鑫华，缪锋，刘栋，等.黄河口及邻近海域鱼类群落时空格局与优势种特征研究［J］.海洋科学集刊，2001，43（1）：141–151.

［64］Borja A，Dauer D M，Díaz R，et al. Assessing estuarine benthic quality conditions in Chesapeake Bay：A comparison of three indices［J］. Ecological Indicators，2008，8（4）：395–403.

［65］Borja A，Dauer D M. Assessing the environmental quality status in estuarine and coastal systems：Comparing methodologies and indices［J］. Ecological Indicators，2008，8（4）：331–337.

［66］Cai W，Ángel Borja，Liu L，et al. Assessing benthic health under multiple human pressures in Bohai Bay（China），using density and biomass in calculating AMBI and M–AMBI［J］. Marine Ecology，2014，35（2）：180–192.

［67］Tagliapietra D，Pavan M，Wager D. Macrobenthic community changes related to eutrophication in Palud della Rosa（Venetian Lagoon，Italy）. Estuarine，Coastal and Shelf Science，1998，47：217–226.

［68］Dauer D M，Alden R W. Long–term trends in the macrobenthos and water quality of the lower Chesapeake Bay（1985—1991）. Mar Pollut Bull，1995，30（12）：840–850.

［69］Deng J Y，Meng T X，Ren S M，et al. The composition of fish species and quantity distribution in the Bohai Sea. Progress in Fishery Sciences, 1998, 9 (1): 11–89.

［70］Deng J Y, Meng T X, Ren S M. Food web of fishes in the Bohai Sea［J］. Marine Fisheries Research, 1988 (9): 151–171.

［71］Deng J Y. The fundamentals of Ecology of proliferation and management of fishery resources in the Bohai Sea［J］. Progress in Fishery Sciences, 1988 (9): 1–10.

［72］Dolbeth M, Cardoso P G, Grilo T F, et al. Long–term changes in the production by estuarine macrobenthos affected by multiple stressors［J］. Estuar Coast Shelf Science, 2011, 92 (1): 10–18.

［73］Edgar G J, Barrett N S. Benthic macrofauna in Tasmanian estuaries: Scales of distribution and relationships with environmental variables［J］. Journal of Experimental Marine Biology and Ecology, 2002, 270: 1–24.

［74］Gamito S, Furtado R. Feeding diversity in macroinvertebrate communities: A contribution to estimate the ecological status in shallow waters［J］. Ecological Indicators, 2009, 9 (5): 1009–1019.

［75］Gamito S, Patrício J, Neto J M, et al. Feeding diversity index as complementary information in the assessment of ecological quality status［J］. Ecological Indicators, 2012, 19 (8): 73–78.

［76］Gray J S. Detecting pollution–induced changes in communities using the log–normal distribution of individuals among species［J］. Marine Pollution Bulletin, 1981, 12: 173–176.

［77］Gremare A, Amouroux J M, Vetion G. Long–term comparison of macrobenthos within the soft bottoms of the Bay of Banyuls–sur–mer (northwestern Mediterranean Sea)［J］. Journal of Sea Research, 1998, 40 (3–4): 281–302.

［78］Honkoop P J C, Pearson G B, Lavaleye M S S, et al. Spatial variation of the intertidal sediments and macrozoo–benthic assemblages along Eighty–mile Beach, Northwestern Australia［J］. Journal of Sea Research, 2006, 55: 278–291.

［79］Jin X S, Deng J Y. Variations in community structure of fishery resources and biodiversity in the Laizhou Bay, Shandong. Chinese Biodiversity, 2000, 8 (1): 65–72.

［80］Jin X S, Zhao X Y, Meng T X, et al. Living resources and environment in the

Yellow Sea and Bohai Sea [J] . Beijing: Science Press, 2005: 262-351.

[81] Jin X S. Long-term changes in fish community structure in the Bohai Sea, China [J] . Estuarine, Coastal and Shelf Science, 2004, 59 (1) : 163-171.

[82] Labrune C, Gremare A, Guizien K, et al. Long-term comparison of soft bottom macrobenthos in the Bay of Banyuls-sur-Mer (north western Mediterranean Sea) : A reappraisal. Journal of Sea Research. 2007, 58 (2) : 125-143.

[83] Leonard D R P, Clarke K R, Somerfield P J, et al. The application of an indicator based on taxonomic distinctness for UK marine biodiversity assessments [J] . Journal of Environmental Management. 2006, 78 (1) : 52-62.

[84] Lerberg S B, Holland A F, Sanger D M. Responses of tidal creek macrobenthic communities to the effects of watershed development [J] . Estuaries, 2000, 23 (6) : 838-853.

[85] Li B Q, Li X J, Bouma T J, et al. Analysis of macrobenthic assemblages and ecological health of Yellow River Delta, China, using AMBI & M-AMBI assessment method [J] . Marine Pollution Bulletin, 2017, 119: 23-32.

[86] Li B Q, Wang Q C, Li B J. Assessing the benthic ecological status in the stressed coastal waters of Yantai, Yellow Sea, using AMBI and M-AMBI [J] . Marine Pollution Bulletin, 2013, 75 (1-2) : 53-61.

[87] Luo X, Sun K, Yang J, et al. A comparison of the applicability of the Shannon-Wiener index, AMBI and M-AMBI indices for assessing benthic habitat health in the Huanghe (Yellow River) Estuary and adjacent areas [J] . Acta Oceanologica Sinica, 2016, 35 (6) : 50-58.

[88] Margalef R. Perspectives in Ecological Theory. Chicago: University Chicago Press [J] . Marine Pollution Bulletin, 1968, 55: 271-281.

[89] Martínezcrego B, Alcoverro T, Romero J. Biotic indices for assessing the status of coastal waters: a review of strengths and weaknesses [J] . Journal of Environmental Monitoring, 2010, 12 (5) : 1013-1028.

[90] Pauly D, Christensen V, Forese R, et al. Fishing down acquatic webs [J] . American Scientist, 2000, 88: 46-51.

[91] Peng S, Zhou R, Qin X, et al. Application of macrobenthos functional groups

to estimate the ecosystem health in a semi-enclosed bay［J］. Marine Pollution Bulletin, 2013, 74（1）: 302.

［92］Peng S, Zhou R, Qin X, et al. Application of macrobenthos functional groups to estimate the ecosystem health in a semi-enclosed bay［J］. Marine Pollution Bulletin, 2013, 74（1）: 302.

［93］Pielou E C. Species-diversity and pattern-diversity in the study of ecological succession［J］. Journal of Theoretical Biology, 1966, 10（2）: 370-383.

［94］Ryder R A, Kerr S R, Tylor W W, et al. Community consequence of fish stock diversity［J］. Canadian Journal of Fisheries and Aquatic Sciences, 1981, 38（12）: 1856-1866.

［95］Service S K, Feller R J. Long-term trends of subtidal macrobenthos in North Inlet, South-Carolina. Hydrobiologia, 1992, 231（1）: 13-40.

［96］Shannon C E, Weaver W. The mathematical theory of communication［M］. Ubana: University of Illinois Press, 1949.

［97］Spruzen F L, Richardson A M M, Woehler E J. Spatial variation of intertidal macroinvertebrates and environmental variables in Robbins Passage wetland, NW Tasmania. Hydrobiologia, 2008, 598: 325-342.

［98］Tagliapietra D, Pavan M, Wagner C. Macrobenthic community changes related to eutrophication in Palude della Rosa（Venetian Lagoon, Italy）［J］. Estuarine, Coastal and Shelf Science, 1998, 47（2）: 217-226.

［99］Thompson B, Lowe S. Assessment of macrobenthos response to sediment contamination in the San Francisco Estuary, California, USA［J］. Environmental Toxicology and Chemistry, 2004, 23（9）: 2178-2187.

［100］Tran T T, Le H D, Ngo X Q. Comparison of the Shannon-Wiener, AMBI, and M-AMBI index for assessing sediment ecological quality in organic shrimp farming ponds, Nam Can District, Ca Mau Province［J］. VNU Journal of Science: Natural Sciences and Technology, 2018, 34（3）: 16-20.

［101］Varfolomeeva M, Naumov A. Long-term temporal and spatial variation of macrobenthos in the intertidal soft-bottom flats of two small bights（Chupa Inlet,

Kandalaksha Bay，White Sea）［J］.Hydrobiologia，2013，706（1）：175-189.

［102］Warwick R M ，Clarke K R. Relearning the ABC：faxonomic changes and abundance/biomass relationship in disturbed benthic communities ［J］. Marine Biology，1994，118：737-744.

［103］Warwick R M. A new method for detecting pollution effects on marine macrobenthic communities［J］. Marine Biology，1986，92：557-562.

［104］Weisberg S B，Ranasinghe J A，Dauer D M，et al. An estuarine benthic index of biotic integrity（B-IBI）for Chesapeake Bay［J］. Estuaries，1997，20（1）：149-158.

［105］Wildsmith M D，Rose T H，Potter I C，et al. Benthic macroinvertebrates as indicators of environmental deterioration in a large microtidal estuary. Marine Pollution Bulletin，2011，62（3）：525-538.

［106］Zhu X H，Yang J M，Tang Q S. Study on characteristic of fish community structure in Bohai Sea. Oceanologia Et Limnologia Sinica，1996，27（1）：6-13.

附　表

附表1　黄河三角洲潮间带大型底栖动物物种名录

物种名	2016		2017		
	8月	10月	5月	8月	11月
短叶索沙蚕 *Lumbrineris latreilli*	+	+	+		+
尖刺缨虫 *Perkinsiana acuminata*	+				
囊叶齿吻沙蚕 *Nephtys caeca*	+		+		+
日本刺沙蚕 *Hediste japonica*	+	+	+	+	+
深钩毛虫 *Sigambra bassi*	+				
丝异须虫 *Heteromastus filiformis*	+	+	+		+
长双须虫 *Eteone longa*	+		+		+
锥唇吻沙蚕 *Glycera onomichiensis*	+		+		+
多鳃齿吻沙蚕 *Nephtys polybranchia*			+		
寡节甘吻沙蚕 *Glycinde gurjanovae*		+	+	+	+
乳突半突虫 *Phyllodoce papillosa*			+		
长锥虫 *Leitoscoloplos pugettensis*	+	+		+	+
膜质伪才女虫 *Pseudopolydora kempi*			+		
叉毛矛毛虫 *Phylo ornatus*			+		
刺缨虫属一种 *Pseudopotamilla* sp.			+	+	
管缨虫 *Chone infundibuliformis*			+		+
加州齿吻沙蚕 *Nephtys californiensis*			+	+	+
拟特须虫 *Paralacydonia paradoxa*			+		+
双齿围沙蚕 *Perinereis aibuhitensis*			+		+
吻蛇锥虫 *Boccardia proboscidea*			+		+
线虫 Nematoda			+		
缨鳃虫 Sabellidae			+		

续表

物种名	2016		2017		
	8月	10月	5月	8月	11月
中锐吻沙蚕 *Glycera unicornis*			+		
渤海格鳞虫 *Gattyana pohaiensis*				+	+
尖锥虫 *Scoloplos armiger*				+	
浅古铜吻沙蚕 *Glycera subaenea*				+	+
强吻沙蚕 *Glycera robusta*				+	+
长吻沙蚕 *Glycera chirori*				+	+
钩小蛇锥虫 *Boccardiella hamata*					+
日本大鳌蜚 *Grandidierella japonica*	+	+	+		+
钩虾属一种 *Gammarus* sp.	+	+			
日本大眼蟹 *Macrophthalmus japonicus*	+	+	+		+
秉氏泥蟹 *Ilyoplax pingi*	+		+	+	+
豆形拳蟹 *Pyrhila pisum*	+		+		
厚蟹属一种 *Helice* sp.	+				
锯齿长臂虾 *Palaemon serrifer*	+				
锯脚泥蟹 *Ilyoplax dentimerosa*	+		+		+
泥虾 *Laomedia astacina*	+				
强壮藻钩虾 *Ampithoe valida*	+				
沈氏厚蟹 *Helice tridens sheni*	+	+	+	+	+
天津厚蟹 *Helice tientsinensis*	+	+	+		
伍氏厚蟹 *Helicana wuana*	+		+		
细巧仿对虾 *Batepenaeopsis tenella*	+				
鹰爪虾 *Trachysalambria curvirostris*	+	+		+	
中国毛虾 *Acetes chinensis*	+		+		
朝鲜马尔他钩虾 *Melita koreana*		+	+	+	+
东方新糠虾 *Neomysis orientalis*		+			
蜾蠃蜚属一种 *Corophium* sp.		+			

续表

物种名	2016		2017		
	8月	10月	5月	8月	11月
河蜾蠃蜚 *Monocorophium acherusicum*		+		+	
中华蜾蠃蜚 *Sinocorophium sinensis*		+			
朝鲜刺糠虾 *Orientomysis koreana*			+	+	+
大螯蜚 *Grandidierella* sp.			+		+
宽身大眼蟹 *Macrophthalmus*（*Macrophthalmus*）*abbreviatus*			+		+
谭氏泥蟹 *Ilyoplax deschampsi*			+		+
细螯虾 *Leptochela gracilis*			+		
锯额瓷蟹 *Pisidia serratifrons*				+	
口虾蛄 *Oratosquilla oratoria*				+	
日本鼓虾 *Alpheus japonicus*				+	
日本拟平家蟹 *Heikeopsis japonica*				+	
绒毛细足蟹 *Raphidopus ciliatus*				+	
狭颚绒螯蟹 *Neoeriocheir leptognathus*				+	
博氏双眼钩虾 *Ampelisca bocki*					+
大蜾蠃蜚 *Corophium major*					+
日本游泳水虱 *Natatolana japonensis*					+
弹涂鱼 *Periophthalmus modestus*	+	+		+	+
普氏缰虾虎鱼 *Acentrogobius pflaumii*	+				
长丝犁突虾虎鱼 *Myersina filifer*	+				
六丝钝尾虾虎鱼 *Amblychaeturichthys hexanema*		+	+	+	
黄鳍刺虾虎鱼 *Acanthogobius flavimanus*			+	+	
矛尾虾虎鱼 *Chaeturichthys stigmatias*			+		
七棘裸身虾虎鱼 *Gymnogobius heptacanthus*			+		
纽虫 Nemertea	+	+	+		+
海绵一种 Porifera					+

续表

物种名	2016		2017		
	8月	10月	5月	8月	11月
枝角类一种 *Cladocera*				+	
薄壳绿螂 *Glauconome angulata*	+	+	+	+	+
彩虹明樱蛤 *Iridona iridescens*	+		+		+
光滑河蓝蛤 *Potamocorbula laevis*	+	+	+		
光滑狭口螺 *Stenothyra glabra*	+		+		
蛤蜊属一种 *Mactra* sp.	+				+
江户明樱蛤 *Moerella hilaris*	+				
壳蛞蝓属一种 *Philine* sp.	+				
内肋蛤 *Theora lubrica*	+	+			
琵琶拟沼螺 *Assiminea lutea*	+	+	+		
剖刀鸭嘴蛤 *Laternula boschasina*	+	+	+	+	
青蛤 *Cyclina sinensis*	+				
四角蛤蜊 *Mactra quadrangularis*	+		+		+
文雅罕愚螺 *Fluviocingula elegantula*	+				
相模湾共生蛤 *Borniopsis sagamiensis*	+		+		
鸭嘴蛤 *Laternula anatina*	+				
薄荚蛏 *Siliqua pulchella*		+		+	
宫田神角蛤 *Semelangulus miyatensis*		+			
绿螂属一种 *Glauconome* sp.		+		+	+
狭小露齿螺 *Ringicula*（*Ringiculina*）*kurodai*		+			
小亮樱蛤 *Nitidotellina lischkei*		+			
中国蛤蜊 *Mactra chinensis*		+			
渤海鸭嘴蛤 *Laternula gracilis*			+		
淡路齿口螺 *Brachystomia omaensis*			+	+	
高镜蛤 *Dosinia*（*Bonartemis*）*altior*			+		
津知圆蛤 *Cycladicama tsuchi*			+		+

续表

物种名	2016		2017		
	8月	10月	5月	8月	11月
理蛤 *Theora lata*			+		+
泥螺 *Bullacta caurina*			+	+	+
托氏蜎螺 *Umbonium thomasi*			+		+
微黄镰玉螺 *Euspira gilva*			+		
文蛤 *Meretrix meretrix*			+		
小刀蛏 *Cultellus attenuatus*			+	+	+
白带三角口螺 *Trigonaphera bocageana*				+	
扁玉螺 *Neverita didyma*				+	
朝鲜笋螺 *Terebra koreana*				+	+
菲律宾蛤仔 *Ruditapes philippinarum*				+	
尖顶绒蛤 *Borniopsis tsurumaru*				+	
金星蝶铰蛤 *Trigonothracia jinxingae*				+	+
内卷原盒螺 *Cylichna involuta*				+	
日本镜蛤 *Dosinia japonica*				+	
西施舌 *Mactra antiquata*				+	
圆楔樱蛤 *Cadella narutoensis*				+	
长蛸 *Octopus variabilis*				+	
紫色阿文蛤 *Alveinus ojianus*					+
纵肋饰孔螺 *Decorifer matusimanus*					+
纵肋织纹螺 *Nassarius variciferus*					+

附表2　黄河三角洲潮下带及近岸浅海大型底上动物资源物种名录

类别		中文名	拉丁学名	2016年8月	2016年11月	2017年5月	2017年8月	2017年11月
	1	白带三角口螺	*Trigonaphera bocageana*	+	+	+	+	+
	2	薄荚蛏	*Siliqua pulchella*	+			+	
	3	扁玉螺	*Neverita didyma*	+	+	+	+	+
	4	彩虹明樱蛤	*Iridona iridescens*	+	+			
	5	朝鲜笋螺	*Terebra koreana*	+		+	+	+
	6	短蛸	*Amphioctopus fangsiao*				+	+
	7	对称拟蚶	*Striarca symmetrica*	+				
	8	菲律宾蛤仔	*Ruditapes philippinarum*		+			
	9	光滑河蓝蛤	*Potamocorbula laevis*	+	+			
	10	红带织纹螺	*Nassarius succinctus*	+	+	+	+	
	11	尖高旋螺	*Acrilla acuminata*			+		
	12	宽壳全海笋	*Barnea dilatata*			+		
软体动物	13	魁蚶	*Anadara broughtonii*				+	+
	14	丽核螺	*Mitrella albuginosa*	+	+			
	15	脉红螺	*Rapana venosa*	+	+	+	+	+
	16	毛蚶	*Anadara kagoshimensis*	+	+	+	+	+
	17	日本镜蛤	*Dosinia japonica*	+			+	+
	18	日本枪乌贼	*Loliolus（Nipponololigo）japonica*	+	+		+	+
	19	四角蛤蜊	*Mactra quadrangularis*	+	+	+	+	+
	20	太平洋潜泥蛤	*Panopea abrupta*			+		+
	21	托氏蜎螺	*Umbonium thomasi*			+		
	22	微黄镰玉螺	*Euspira gilva*		+	+	+	+
	23	西施舌	*Mactra antiquata*	+			+	+
	24	香螺	*Neptunea cumingii*				+	+
	25	小刀蛏	*Cultellus attenuatus*					+
	26	小亮樱蛤	*Nitidotellina lischkei*	+	+			
	27	秀丽织纹螺	*Reticunassa festiva*	+				

续表

类别		中文名	拉丁学名	2016年8月	2016年11月	2017年5月	2017年8月	2017年11月
软体动物	28	缢蛏	*Sinonovacula constricta*					+
	29	玉螺	*Natica vitellus*					+
	30	圆楔樱蛤	*Cadella narutoensis*	+				
	31	长牡蛎	*Magallana gigas*					+
	32	长蛸	*Octopus variabilis*		+			
	33	中国蛤蜊	*Mactra chinensis*	+	+	+	+	+
	34	纵肋织纹螺	*Nassarius variciferus*	+	+	+	+	+
甲壳动物	35	东方新糠虾	*Neomysis orientalis*	+	+			
	36	东方长眼虾	*Ogyrides orientalis*	+	+			
	37	豆形拳蟹	*Pyrhila pisum*	+	+	+	+	+
	38	端正拟关公蟹	*Paradorippe polita*		+			
	39	葛氏长臂虾	*Palaemon gravieri*	+	+	+	+	+
	40	光背节鞭水虱	*Synidotea laevidorsalis*	+	+			
	41	海岸水虱	*Ligia oceanica*			+		
	42	红线黎明蟹	*Matuta planipes*	+		+	+	+
	43	黄海褐虾	*Crangon uritai*	+	+	+		
	44	脊尾白虾	*Palaemon carinicauda*	+	+	+		+
	45	寄居蟹	*Pagurus minutus*	+	+	+	+	+
	46	颗粒拟关公蟹	*Paradorippe granulata*	+	+	+	+	+
	47	口虾蛄	*Oratosquilla oratoria*	+	+	+	+	+
	48	宽身大眼蟹	*Macrophthalmus abbreviatus*			+		
	49	隆线强蟹	*Eucrate crenata*	+	+	+	+	+
	50	拟棒鞭水虱	*Cleantiella isopus*	+				
	51	平尾棒鞭水虱	*Cleantioides planicauda*		+			
	52	日本大眼蟹	*Macrophthalmus japonicus*		+	+	+	+
	53	日本鼓虾	*Alpheus japonicus*	+	+	+		+
	54	日本褐虾	*Crangon hakodatei*				+	+
	55	日本拟平家蟹	*Heikeopsis japonica*	+	+	+	+	+
	56	日本绒螯蟹	*Eriocheir japonica*					+
	57	日本蟳	*Charybdis (charybdis) japonica*	+	+	+	+	+

类别		中文名	拉丁学名	2016年8月	2016年11月	2017年5月	2017年8月	2017年11月
甲壳动物	58	绒毛近方蟹	*Hemigrapsus penicillatus*			+	+	+
	59	绒毛细足蟹	*Raphidopus ciliatus*		+			
	60	肉球近方蟹	*Hemigrapsus sanguineus*				+	+
	61	三疣梭子蟹	*Portunus trituberculatus*		+	+	+	+
	62	双斑蟳	*Charybdis（Gonioneptunus）bimaculata*				+	+
	63	细螯虾	*Leptochela gracilis*	+	+	+		+
	64	狭颚绒螯蟹	*Neoeriocheir leptognathus*	+	+			
	65	鲜明鼓虾	*Alpheus digitalis*		+			
	66	异足倒颚蟹	*Asthenognathus inaequipes*	+	+			
	67	中国毛虾	*Acetes chinensis*	+				
	68	中国对虾	*Penaeus chinensis*	+	+		+	
	69	中华虎头蟹	*Orithyia sinica*					+
	70	中华近方蟹	*Hemigrapsus sinensis*		+			
	71	中华绒螯蟹	*Eriocheir sinensis*		+	+		+
鱼类	72	安氏新银鱼	*Neosalanx anderssoni*		+			+
	73	斑鲦	*Konosirus punctatus*					+
	74	半滑舌鳎	*Cynoglossus semilaevis*	+				
	75	赤鼻棱鳀	*Thryssa kammalensis*	+			+	+
	76	大银鱼	*Protosalanx hyalocranius*	+		+		
	77	单鳍鲔	*Draculo mirabilis*	+				
	78	弹涂鱼	*Periophthalmus modestus*				+	
	79	多棘小公鱼	*Stolephorus shantungensis*	+				
	80	方氏云鳚	*Pholis fangi*		+			
	81	褐牙鲆	*Paralichthys olivaceus*				+	
	82	黑棘鲷	*Acanthopagrus schlegelii*				+	
	83	花鲈	*Lateolabrax japonicus*	+		+	+	+
	84	黄姑鱼	*Nibea albiflora*	+			+	
	85	假睛东方鲀	*Takifugu pseudommus*	+				
	86	焦氏舌鳎	*Cynoglossus joyneri*			+	+	+

续表

类别		中文名	拉丁学名	2016年8月	2016年11月	2017年5月	2017年8月	2017年11月
鱼类	87	拉氏狼牙虾虎鱼	*Odontamblyopus lacepedii*				＋	
	88	莱氏舌鳎	*Cynoglossus lighti*	＋	＋	＋	＋	＋
	89	狼虾虎鱼	*Odontamblyopus rubicundus*	＋	＋	＋		
	90	矛尾虾虎鱼	*Chaeturichthys stigmatias*	＋	＋	＋	＋	＋
	91	普氏缰虾虎鱼	*Acentrogobius pflaumii*				＋	
	92	青鳞小沙丁鱼	*Sardinella zunasi*	＋			＋	＋
	93	日本带鱼	*Trichiurus lepturus*				＋	
	94	日本海马	*Hippocampus mohnikei*	＋	＋	＋	＋	＋
	95	石鲽	*Kareius bicoloratus*	＋	＋			
	96	松江鲈	*Trachidermus fasciatus*	＋	＋			
	97	鮻	*Planiliza haematocheilus*				＋	＋
	98	太平洋鲱	*Clupea pallasii*					＋
	99	鳀	*Engraulis japonicus*	＋				
	100	纹缟虾虎鱼	*Tridentiger trigonocephalus*			＋		
	101	五带高鳍虾虎鱼	*Pterogobius zacalles*	＋				
	102	星点东方鲀	*Takifugu niphobles*					＋
	103	鲬	*Platycephalus indicus*	＋	＋	＋	＋	＋
	104	中颌棱鳀	*Thryssa mystax*				＋	
	105	髭缟虾虎鱼	*Tridentiger barbatus*	＋	＋	＋	＋	
	106	鲻	*Mugil cephalus*		＋			＋
棘皮动物	107	棘刺锚参	*Protankyra bidentata*	＋	＋			＋
	108	日本倍棘蛇尾	*Amphioplus* (*Lymanella*) *japonicus*			＋		
其他	109	海葵	Actiniidae		＋	＋		

中文名索引

拉丁学名索引